Vegan Baking 純植物烘焙

無蛋奶、真食物，純素OK！
旦糕×慕斯×塔派×餅乾×司康，
甜點名店秘方初登場

GREEN BAKERY
曹思蓓 著

超過一萬小時的努力
只為一口美味的滿足

　　第一次遇到「綠帶純植物烘焙」團隊，是在王品集團主辦的「創世代決戰夢想餐桌」複賽，當我和其他評審吃下第一口純植物烘焙法式鹹派，一種奇妙協調的滋味在嘴裡化開蔓延，每個人都忍不住在心裡為他們按讚。

　　Isabella 原本是一位插畫師，當過國際品牌 Sheraton 飯店專屬的視覺設計師。2010 年，她開始研究無動物性的 Vegan 純植物甜點；2014 年，在民生社區開了「綠帶純植物烘焙」甜點專賣店。如果讀者 Google「純植物甜點」，會發現前七頁、近百則欄目，談的幾乎都是「綠帶」。

　　Isabella 和團隊說明創立品牌的理念、過程……當年決定跳脫舒適圈創業，用「一萬個小時的堅持」反覆嘗試，只為做出一塊好吃的純植物旦糕、一個派。Isabella 提到對純素食材的愛與信念時，她的神情平緩堅定、眼神閃閃發光，讓我想起 30 年前、決定創業的自己。

　　決賽時刻，Isabella 端出 9 品更精緻細膩的甜點，食材豐富多樣、烘焙手法的多變純熟、每個單品的獨特性和整體風味的協調、搭配絕佳的視覺美感，獲得所有評審的最高分，同時也是網路投票的第一名，毫無意外，「綠帶純植物烘焙」成為「王品創世代」冠軍。十年磨一劍，Isabella 和團隊以專心、用心和細心，獲得甜美的桂冠。

　　Isabella 決定出書，公開 43 道獨門秘笈，邀請我寫序，我細細閱讀後，看見她創業的起心動念，她對食物與生命的熱愛，還有她以魔術般手法、用替代性食材賦予甜點「心的好滋味」。Isabella 毫不藏私，希望透過這本食譜，讓更多人可以自己在家烘焙出健康美味，隨著大家越來越重視健康飲食、盡量採用有機在地食材、不希望吃到過多的化學添加物……我相信「綠帶純植物烘焙」能滿足更多對健康甜點的需求。我忍不住拿著食譜到廚房，試著做一塊旦糕。

　　嗯，我想起決賽時，檸檬卡士達水果塔的美味！

王品集團董事長　陳正輝

We are what we eat!
一場溫柔的革命

在一次動社舉辦的非籠飼雞蛋研討會，吃到 Green Bakery 的餅乾，天啊，也太好吃了！而這個餅乾居然沒有蛋沒有奶，太不可思議了！

幾天後我迫不急待的直接找上門，想要購買更多商品、了解這到底是個甚麼樣的烘焙店。一進門就看到一幅母雞、母豬、母牛的圖畫，我很感動，心想：終於又有一個人瞭解經濟動物的痛。當下買了超多餅乾！（最愛七味唐辛子煎餅和梅子雪球餅乾，太好吃了它們），結帳時店長認出我，並介紹我認識主廚，兩人就這樣聊了起來，才發現原來是設計師的思蓓是為了不忍動物之苦，所以開始變成研發純植物甜點的烘焙師。我問她：「為何不懂烘焙的你可以不用蛋奶做出這麼美味的餅乾？而許多星級烘焙師沒有想到這麼做？」她說因為她沒有傳統烘焙的框架！也因為想做出真正取自幸福食材的幸福甜點。聊天中知道她要出書了，她想和更多人分享如何做出無蛋奶的純植物甜點。沒有框架所以沒有限制；知道為何而作，所以決定不藏私。

台灣一年食用 75 億顆雞蛋，3 千 8 百萬隻母雞們一輩子被囚禁在僅有 A4 大小的籠子裡，為了解放母雞，家樂福於 2018 年宣告長達 7 年的非籠飼雞蛋承諾。而思蓓的餅乾竟是直接晉級到「無蛋」烘焙！多數人面對嚴肅的議題，常用衝突或訓斥方式去對待理念不同的人；而用美味餅乾來改變消費者的選擇，則是一種溫柔的革命。思蓓運用人性及設計思考的角度，讓人們因為喜歡而自然地無痛轉移，我相信她的新書鐵定會帶來烘焙業的嶄新思維。

如果你愛烘焙，就來學習這些讓你的作品更加美味的方法吧！因為裡頭添加了對動物的同理及疼愛。如果你是甜點烘焙師，來學習這些新方法吧！讓全素者可以和朋友一起快樂分享你做的餅乾或甜點。當然，如果你不會烘焙，歡迎直接到「Green Bakery 綠帶純植物烘焙」購買喜愛的甜點。不過小心，吃過 Green Bakery，你應該就回不去了。如果你認同這個理念，快點＋1，多買幾本書送給你覺得可以造成影響力的朋友。

We are what we eat!
讓我們可以越吃世界越美好吧！

家樂福文教基金會執行長
Green Bakery 忠實粉絲　蘇小真

用魔力甜點
重建身心靈吧！

多年前，我是一個無肉不成餐的嗜肉狂，初遇蓓蓓時，我正處於人生黑白的狀態，當時她總用閃閃發光的眼神暗示我吃素，而我也總用散散無光的眼神火速奔逃，現在想起來不免搖頭莞爾。

蓓蓓是我人生的素食媽媽。

五年前我正處在癌末與死神拔河之際，她用一部紀錄片喚醒了我，讓我從此決定告別嗜肉人生，卻也因此奇蹟似的重獲新生。是素食救了我嗎？我想是因為蓓蓓善良飲食的勸進，讓我充滿毒素的身心靈得以重建與喘息。

撿回一命後的人生雖然超展開，但饕客的習性還是根深蒂固。我是個廚藝很差的饕客，剛開始改變飲食習慣時，只知道吃青菜蘿蔔與豆腐。饕客心裡苦，但饕客都跟蓓蓓說，而饕客最快樂的事，就是吃蓓蓓做的純植物點心。

蓓蓓的甜點總擁有一股神奇的魔力，不但可以撫慰人心，還可以帶來世界和平！話說有一次我跟客戶討論案子，不慎因為激動而爆出了火氣，我當場就用蓓蓓的招牌「夏雪奇思旦糕」來滅火，客戶吃了一口，無比驚艷並驚嚇於這個不可思議的甜點作品！於是，蓓蓓的甜點就這樣成功轉移了一場火爆的爭端。

欣見我的素食媽媽出書，她無私地將創意無限的食譜公開分享，溫柔的用對生命的愛，譜出既時髦又美麗的各種純植物甜點，這是每個懂吃的女生最終極的療癒食物！也是注重健康人群的無罪甜點，更是乳糖不耐症朋友的夢幻逸品，還是可以直接參與歐美、日本目前非常流行的純植物飲食文化的最好媒介。

恭喜您，手刀收藏了一本「一次滿足多種願望」的秘笈！

油豐創辦人、自然醫學博士、著有《尋油記》

美味 ＋ 熱情
＝ Isabella 的純植甜點

第一次見到 Isabella 是在蔬果生活誌節目的外景拍攝，還沒出發之前，工作人員就先告訴我，要去拍攝的是一家大家公認很厲害的店，還一再強調是純植物 Vegan，而且做得比市面上有蛋奶的還好吃，我一直信任工作人員給我的小道消息，因為我們節目從台灣頭拍到台灣尾，這 8 年拍遍了全台灣大大小小的蔬食店家，工作人員的嘴被養得很刁，不是真的好吃的店家，他們不太會這樣評價，我帶著這樣的理解見到 Isabella。

那天的拍攝很開心，而且，甜點真的……嘖嘖嘖，是會很常想念的好吃程度。

純素的糕點不容易做，要做到比一般市售的蛋奶糕點還好吃，真的是魔法，我很好奇 Isabella 怎麼做到的。拍攝那天，我問 Isabella，妳在創作甜點的過程中曾經哭過嗎？她說有，她曾經為了想做出記憶中的好味道，嘗過很多次失敗，花了很多很多時間，常常實驗到深夜。有一天，她終於試出來了，開心到跳起來的下一秒她馬上蹲下來大哭，她說到這，我們兩個眼眶中都泛著眼淚，在那一刻，我深深體會她對於純植物烘焙的熱情，那種誓死也要為純植物甜點創作出美好味道的拼勁，不在味道上妥協的堅持，真的很令人感動，我終於能理解，她的甜點為什麼和別人不一樣了。

好開心 Isabella 出書了，如果你知道綠帶的甜點有多好吃，就會二話不說把這本食譜書帶回家，就像是站在巨人的肩膀上，可以簡單輕易做出好吃又超療癒的純植物甜點！

偷偷提醒你：前方上癮注意，很有可能會對市售的糕點失去興趣喔！

第 51 屆金鐘獎 兒童少年節目主持人
大愛【蔬果生活誌】主持人

革除舊時代的思維
邁出新蔬食的綠帶

　　「你是蓓蓓嗎?」七年前某天夜晚,循著地址走進迪化街一家店面,經過暗暗長廊,來到有著烤箱的工作室,當時約莫七八點,只見一位身著圍裙的纖瘦女孩,襯著暗黃燈光還在收拾食材,專注的神情彷彿讓時間凍結,忍不住走上前給她一個大大的擁抱,手臂下有感謝,更有深深的敬意。相較於 Vegan 餐廳或食品這幾年在台灣如雨後春筍,「無蛋奶」當時仍難得一見。有時在外用餐或購物,多數人根本分不清蛋奶素、五辛素或是全素,總得再三詢問食材與來源,最後還要跟店家多說上一句:「請多開發無蛋奶的 Vegan 食品啊!」素食餐廳不常見,更遑論專門製作無蛋奶的 Vegan 糕點了,思蓓願投入,多不容易!

　　我因身體敏感,食材製作者的心緒偶躲不過我味覺及情緒覺察,有些餐廳或食物,嚐過一次,即心知肚明過程,從此敬謝不敏。但「綠帶」烘焙的旦糕、餅乾、司康,堅持不用動物性食材、氫化植物鮮奶油、合成代蛋粉、香精、色素及含鋁泡打粉,嚴選有機在地食材,從來源、素材及過程的心意,無一不美。每每心思紛擾疲憊時,只要來上一口「綠帶」,彷彿有個能量開關瞬間被開啟,讓我得以「吃了再上」。孩子甚至曾在飽嚐「綠帶」旦糕後,讚嘆地說:「啊!會做出這麼好吃東西的人,一定是個不簡單的人!」

　　是啊,思蓓何其不簡單!這本書集合了她多年來無數嘗試的成果,更可說是 Vegan 烘焙煉金術的大成,這些內容也點醒了我們,其實南瓜、香蕉和豆腐可取代雞蛋,植物奶和豆漿的風味更甚於牛奶……原來,為友善動物,我們除了不吃肉之外,還能做得更多!純素倡導者塔托(Dr. Will Tuttle)曾說:「即使單獨一人吃,也不是一個人,我們吃食物,讓我們連結了大自然的節奏、力量和富足,也連結了那些培育和收集食物的人的存在。」我們不可能在其他生命上撒下疾病和死亡的種子後,還能收割健康,我們吃的是動物的恐懼,還是愛,最後都會成為我們自己。「真的需要透過對動物殘忍、讓動物痛苦的形式來獲取食物嗎?」當心中的答案愈來愈明晰,愈多人的意識能凝聚行動力,相信「綠帶」在民生社區一隅點出的光亮,能匯聚更多蔬食的力量——革掉對葷食的癮,拒絕所有對動物的殘酷,引出心中更多善美的種子,就算初始只是小小的枝芽,終能成為庇蔭所有動物生命的和平樹蔭。

資深媒體人、蔬食實踐者 

讓美味蔬食
帶來愛與和平

當全人類關切地聆聽到所有物種的心跳聲，如愛的頻率一般地共振，和平就會降臨地球，不再有苦痛。

「綠帶純植物烘焙」是一個難能可貴的純植物甜點企業，經營的背後需要很長時間的研發，還要有很強烈的同理心和極大的耐心。一般消費者總是被市面上許多好看、好吃的甜點所誘惑，殊不知製作的背後，並沒有將人的健康做為第一考量。走在消費意識的前面，本來就是一件吃力不討好，但卻是無比重要的事情。

有「綠帶」這樣一個純素、非傳統的烘焙品牌，將企業的利潤放在一邊，以成就大家的健康為主要訴求，真是我們的福氣！

Isabella 和她經營的品牌為我們樹立了一個最佳的典範——食物不需要添加任何有害的成分，或是犧牲任何動物的生命和自由，也可以如此有創意而且美味。

身為一個運動選手，我從植物裡獲取充份的營養和能量，愛護動物和保持健康是我生活的重心，並且也開了一間以純植物為主題的餐廳，我和 Isabella 的理念完全契合！

希望大家能體會純植物生活帶來的極大好處。

Peace on earth without suffering can be achieved when human beings care to listen to the heartbeats of all species as equal Love rhythms!

Green Bakery is a Vegan business that requires research, compassion and patience. Education on what looks, taste and feels good, could potentially be poisonous is not commonly accepted but very important.

For a non-dairy traditional bakery like this to ignore the desire of profit and seek the satisfaction of healthy and wellness for all is truly a blessing!

Isabella and her brand are setting a standard that proves food can be creative and delicious without the harmful ingredient and the sacrifice of animal life!

Being an athlete, the nutrition and energy that I have got from plant-based food is sufficient and complete. Meanwhile it's been my aim to not only keep myself healthy and fit but also being able to protect lives of other beings. Isabella's mindset really coincide with mine. I personally also runs a plant-based restaurant.

Hope everyone can experience the great benefit of conducting a purely plant-based lifestyle.

- National Basketball player, Davis

籃球國手　戴維斯

用愛調味的叛逆甜點
純植物的幸福滋味

成為「VEGAN」的起點

還記得那是 2009 年的盛夏，時近黃昏，我悠閒地打開電腦，隨意地瀏覽網路上的影片，不經意點開了一部紀錄片，影片裡的一幕一幕，彷彿來自另一個世界，無聲、沈重又毫無預警地出現在我的眼前。影片裡描述著在地球上某些被隱藏的角落，血淋淋赤裸裸地正在發生的事件，從飲食、娛樂、醫藥、用品……等等不同的面向，揭露人類在消費行為的背後，所衍生出對其他物種不合理的無情傷害。

為何以前我都不知道這些？為何現在才知道？而當我已經明白，接下來該怎麼做？震驚的我，腦海裡閃過好多的疑問，混合著兩頰落下的淚水，我告訴自己，再也不走回頭路了！

從那一夜開始，我正式選擇成為一個「不消費動物」的人類，這意味著從食、衣、住、行、育、樂都要停止剝削和利用動物。決定的當下，我的第一個念頭是：「我要吃素！但是，我可以吃些什麼？」

對於一個平日熱愛美食的我，面對突如其來的決定，心裏難免充滿惶恐！但因為不想妥協，我開始認真搜尋大量的網路資料來支持我的想法，很欣慰的在搜尋資料的同時，我發現原來這個世界上早已有千千萬萬個跟我一樣被真相喚醒的人們！這群人類有個名稱，叫做「VEGAN」。

VEGAN 們對自我的消費行為產生了新的意識，因為知道所花出去的每一分錢都是在為我們的世界投票，每一次的選擇都足以蓄積能量來改善畜牧業裡經濟動物的處境；而最讓我驚訝的是——在深入了解 VEGAN 的理念後，知道人類一旦開始不再支持畜牧業，那麼未來的氣候暖化、糧食危機、人類健康等眾多棘手的議題，都會像是骨牌效應般，一一獲得最有利的解決！

「願」－開啟的奇幻之旅

對我這樣以設計工作為一生職業的平凡人，我捫心自問：究竟能為這些正在受苦的經濟動物們做些什麼？而哪件事可以讓我的人生下半場過得別具意義？我急切地想找出問題的答案。腦海裡靈光一閃，想到了我無法再恣意享受的美

食──「甜點」！

不知哪來的傻勁，從來沒正式學過甜點的我，單憑著在家玩過烘焙的經驗，就覺得既然 Vegan 甜點這個選項在市面上太難取得，那麼就決定今後必須朝著這個方向努力！心裏天真的想著，就先從幫助畜牧場裡正在受苦的母牛、母雞開始吧！

於是暗自估算著，如果每天下班後在家裡的廚房鑽研個一、兩個小時，依照日本一萬小時定律之說，當時間累積到 10000 個小時的時候，我將會是個有能力回饋世界的純植物甜點達人！算起來需要超過 20 年的時間，即使那時我已白髮蒼蒼，仍然是值得努力的終極目標。

神奇的是，當我心裏默默許下了這樣的願，接著很快就開始感受到那股來自四面八方的助力，不斷地在暗中成就著我，讓我無時無刻心裏都充滿感謝！於是，我這個原本只是想一邊工作，一邊鑽研純植物甜點的普通上班族，因為好朋友及先生的鼓勵和支持，正式成立了極具實驗性質的甜點品牌──「綠帶純植物烘焙」。

起初我們在迪化街其中一間店的一隅，低調地販售少量甜點試試水溫，沒想到，如此叛逆的甜點卻吸引了許多專程而來的客人，其中幾乎都是支持 Vegan 理念以及久未品嚐蛋糕的宗教素食者。每每聽到來訪的客人，開心的跟我分享吃過我們甜點後的感動，甚至有的客人會直接熱情地給我大大的擁抱！還有那專程帶老媽媽來的兒子；以及只因為太太想吃甜點而騎了大老遠的路，在店還沒開門就已經等在門口的好先生；還有買完甜點，堅持要看看我本人的可愛客人……這些充滿正念的回饋，都成了我不斷前進的甜蜜養分。

敢於想像，勇於實踐

很多客人問我：「你是怎麼做出沒有用雞蛋和奶製品的蛋糕呢？」說真的，其實就是單憑著一顆「敢於想像的心」！

雖然在最初試做時，作法上就只是很單純地拿掉蛋、奶，也總是參考國外的 Vegan 甜點食譜，但辛苦做出的成品通常都讓我很失望……在一次一次的看著食材被當廢棄物處理後，我悟出了一個事實，那就是與其依靠別人分享的食譜，

還不如先用自己的想法試做，因為在僅僅只有五、六十年的純植物甜點歷史中，大多數的食譜也都是有心推廣 Vegan 的實驗作品，成果並不成熟，相較於傳統甜點幾千年以上的悠久歷史，Vegan 甜點只能算是剛剛起步。

於是我想，既然大家還都在嘗試階段，那我為何不也自創一套屬於自己的工法！這樣的想法出現後，便開始大膽運用自己的想像，找出質地、味道、色澤相近於雞蛋及奶製品的替代食材，先以經典磅蛋糕的口感作為練習目標，努力反覆試做、修正，再試做、再修正，藉由一次又一次地把腦海的想法落實，到後來，也許是因為時間累積亦或是靈感使然，我竟能體察出蛋糕裡食材的黃金比例！

連名廚奧利佛都坦承，他做菜可以很隨性，但做甜點卻必須非常精準，事先必須準備一份精確的食譜和磅秤，然後乖乖照著做；因為甜點是一連串的化學方程式，不能隨性。而那一夜，廚房溫暖的燈光下，我在餐桌上寫著那份出自於我自己的第一份食譜！心裏的感動到現在仍然清楚記得。

回想起來，從一個設計師轉職成一位甜點師，靠的並不是勇氣，就只是想為受苦的動物母親們做些什麼，從沒想過自己會不會做，只是簡單的相信，只要想做就沒有做不到的事情。事實證明，連我這樣一個甜點界的素人，都可以重新歸零，並走出一條屬於自己的純植物烘焙之路。

幸福來自～愛人、愛物、愛自然

始終覺得，料理是一件很幸福的事，一個人用心做出一道美食分享給另一個人，藉由食物的香氣、樣貌、滋味、餘韻，傳遞出愛的訊息。懷著愛做出的料理，讓吃的人在心靈深處得到撫慰與溫暖，這讓我想念起母親在廚房料理時的背影，是我人生路上永遠無法忘懷的愛的記憶。

然而，現今有很多站上料理台的大廚們，除了努力創造出能帶給人們的幸福滋味，也開始反向探索食材背後的來源，並關注食材的選用上是否合乎道德標準，連帶思考食材與環境的連結。

如果想要藉由料理傳送幸福，那麼這道料理就必須是來自幸福的食材。這就是為什麼近幾年開始，有非常多中外的名廚，陸續選擇屏棄依賴取自動物的食

材，轉而專注在如何發揮植物本身未被發現的精彩之處！

一口清茶，承載了天地日月的照看；一只甜點，同樣也可以運用大地之母賜予的果實，傳達出自然界天然的清新香甜──拿掉人工或是動物性的鮮奶油，我選擇用地瓜泥、馬鈴薯泥、腰果泥，做出仍然滑順美麗的擠花；奶油的香氣，就選用最接近太陽的果實──椰子來取代；香甜又毫無腥味的南瓜、各式果醬、豆腐則是上好雞蛋替代品。

不斷覺醒的 Vegan 潮流趨勢

甜點重鎮法國所舉辦的 2019 世界甜點大賽，首次將 Vegan 純植物甜點列入比賽項目！主辦人告訴記者：「我們不斷創新、嘗試新趨勢，Vegan 純素甜點的概念很符合比賽的精神！期待今後能走出這個產業仍未探索的新方向！」

而「綠帶純植物烘焙」從 2014 創立至今，仍然是台灣甜點業少數中的少數，希望在未來有更多的甜點工作者加緊腳步，快快跟上這股新興的 Vegan 甜點浪潮。

料理蘊藏著與自然對話的哲學，我們可以打開五感，用心連結來自地球母親為我們準備的天然素材，相信每個人都會開始感動造物主無限的仁慈和智慧，藉由認識千變萬化的豐富植物，有助我們打破料理的傳統框架，重新定義食物的樣貌。

從土地到餐桌這段漫長的旅程，大廚江振誠選擇不斷回到初心，還記得他說過一句話：「美食真正的意義是透過廚師對食材的認識，讓客人產生不一樣的飲食體驗，或是被這道菜蘊藏的訊息所感動。」他的一席話，很巧合地呼應我一直以來的信念，對於成立綠帶純植物烘焙的初衷，始終只有一個：那就是藉由創造另類而兼具美味的純植物甜點，將對生命的珍愛與尊重傳遞出去！

Isabella
曹思梅

Let's Go Vegan！
人生——轉了個好彎

在決定奉行「蔬食主義」的生活之後，就像老天爺送了我一張藏寶圖一般，當我順著祂的指引走，便逐一挖掘出純素生活的驚喜與好處。

開始積極搜尋蔬食主義相關資料時，發現歐美國家早已經有一大群人逢人便說「Go Vegan」，而這群人裡，有的是醫生、有的是科學家、有的是明星、有的是企業家、有的是運動員、有的是爭取動物權利的鬥士……

漸漸地，透過主動、多面向的考證，我很欣慰地在心裡告訴自己，我在無意間竟做了一個無比正確的決定！僅僅因為當初對動物們的憐憫，老天爺就源源不絕地送來好多好多的禮物！

健康方面，在開始純植物飲食之後，我的體重先是明顯下滑 3 公斤！對一個身高號稱 158 的女人來說，是個意外的禮物！更棒的是，許多身體上的問題都陸續消失！

而從小自認為關心環境的我，平時很認真做垃圾分類回收，然而萬萬沒想到，畜牧業才是破壞地球環境的頭號殺手。其實，只要飲食選擇改變，消費習慣改變，就能夠對這個被人類破壞殆盡的地球母親伸出援手，從雨林、河流、海洋，都可以因為每一個人的覺醒，得到喘息。

當然，最重要的，就是可以減少對無辜生命的傷害，對於囚禁在黑暗裡的無以數計的經濟動物們，能直接給予無聲卻最有力的支援。

謝謝當初的自己，沒有遲疑、沒有藉口，勇敢的回應了那部改變我一生的紀錄片。

我單純的相信並接受了上天給我的訊息，因為選擇了純植物烘焙作為人生下半場要奉獻的路，而迎來了好多與我一樣過著實踐愛心行動的工作夥伴與朋友。

我從一位資深的視覺設計師轉變成為一名純植物甜點師，憑藉的不是我的能力，而是單純想要幫助動物母親的這顆心，將她們的牛奶與雞蛋從傳統西點的歷史中撤下，並仍保有令人嚮往的幸福滋味，這，就是我正在努力的目標！

「植物」──才是美味的關鍵

在成為一名 Vegan 之前，我也常常下廚，做些自己想吃和家人愛吃的料理，而成為 Vegan 之後，第一個從腦袋裡蹦出的問題，就是──那……我可以吃些什麼？

這個看似簡單的問題，卻已然成為這些年來，一直想要嘗試解答的人生課題。然而，就在一個靈光乍現的時刻，記憶將我拉回某個記憶中的黃昏，場景就在我老家熟悉的廚房；木頭砧板上映著窗口灑進來的斜陽，上面躺著剛剛切好的蔥段、薑片和紅色的大笨椒，醬油瓶與黃酒瓶子把陽光映出琥珀色的金黃，紮好的香料包隱隱透出八角、肉桂與小茴香的溫厚香氣，看見我自己順手把糖罐子從櫃子上拿下來備著，開始在鍋子裡倒入油，爆香蔥段與薑片，再將砂糖下鍋燒成焦糖，倒入已經用蔥薑水去腥的五花肉塊拌炒，待醬色均勻後，熗上黃酒，再熗上醬油，待香味盡出時，倒入剛好醃過食材的水，再將香料包及整根大笨椒下到鍋裡，少著水、慢著火，蓋鍋煨上個把鐘頭……

就在回憶的當下，我突然領悟到一件事！

「從油到蔥、薑、辣椒、酒、糖、醬油、八角、肉桂、茴香……無一不是植物！」我曾經自認拿手的紅燒肉，其實烹煮的過程中所有的香氣都來自植物！而植物不只是顯香，還扮演著去除肉腥的重要角色。

答案顯而易見！只要將來自動物的食材替換掉，我仍然可以運用大自然所提供的豐富多樣的植物食材，重現記憶中美好熟悉的滋味，一解味蕾的鄉愁。於是，嘴角不禁揚起微笑、一顆心也跟著放下，心裏已然決定，今後就把關於餐桌的一切都交託給大自然的土地吧！

被譽為蔬食之神的法國當代著名三星主廚 Alain Passard，將他的餐廳由葷轉素，他告訴採訪他的記者：「以前我只將蔬果的好發揮到 10%，今後我要將它們的美味發揮到至少 90%，我想讓人們咬下一口蔬果時，能像品味和談論法國紅酒一樣談論它。」我想，憑藉著領悟大地之母的愛與恩賜，我們有責任重新定義植物在餐桌上的地位，讓植物重新成為美食界的主角。

將「動物性」食材轉換為「植物性」的訣竅

　　進入純素烘焙的領域後，因為打破原有的烘焙原料運用法則，常常是憑著想像及試做，逐漸找到屬於自己較為熟悉而滿意的替代食材，在這本食譜裡，單純以我的實作經驗來分享，提供幾種容易又簡便可替代動物性材料的食材及方式。以下，除了分享烘焙三大動物性原料——「油、蛋、奶」的全植物食材取代法，還有甜點中常使用的「鮮奶油、吉利丁、起司」的替代食材方式。

替代「奶油」的天然食材－椰子油＆植物性油脂

奶油的原料是乳脂，帶有濃郁的香氣，在甜點裡是提升厚度與風味的重要角色。奉勸進入純植物飲食的人，與其屈就人工合成的奶油，強烈建議改用取自天然植物的食材。

· 以「椰子油」取代奶油
我試過最棒的取代油品，就屬「冷壓椰子油」了！冷壓椰子油具有濃厚香甜的氣味，也有近似奶油所表現出的厚度，可以為純植物甜點找回濃、純、香的美好印象，絲毫不比奶油遜色，運用在需要濃厚奶油香味的甜點中，是最適合不過的！

· 以無味的植物油「調合」油脂
椰子油的香氣迷人，但椰子味總會非常明顯，反而無法適度表現出模擬的奶香味，此外，也不是每樣甜點都適合帶有椰子風味。這裡提供給大家一個非常重要的訣竅——利用無味的植物油（例如：葡萄籽油、葵花油、去味椰子油、芥花油），以不同比例混合冷壓椰子油，這樣可以靈活調整你所需的奶香強度，如果總是用 100% 冷壓椰子油來製作甜點，縱使成品很健康，但也會讓人膩味啊。

POINT

本書創作的純植物甜點中，材料中的椰子油皆須以「液態」操作。椰子油在低於 24℃ 時，會呈現凝固的白色固狀，融化時則為透明無色狀。因此，在使用時也可模擬奶油的性狀（固態／液態），冬天時若需要融化，可用容器隔著熱開水加溫即可。

替代「雞蛋」的天然食材－南瓜、香蕉、果醬、豆腐、卵磷脂

雞蛋在傳統製作西點時，常常需要加上香草來去除蛋腥味，但畢竟還是不可缺少的重要食材，在甜點裡，扮演著凝固、黏結、增加濕度及乳化的角色，也是很好的凝結及香氣來源。蛋白則可打成富有空氣感的蛋白霜，製造鬆軟無比的輕盈口感。

而純植物甜點，尤其是製作蛋糕時，想要營造出印象中蛋的口感時，還真的很不簡單，還好，試做多年的結果，即使不使用合成素蛋粉，也可以製作出口感軟綿的蛋糕！

·以「帶有膠質的水果、南瓜、地瓜」取代雞蛋
運用天然的南瓜、有膠質的水果、果醬……等植物性蔬果取代雞蛋，不僅風味多變，膠質也能幫助材料黏結，且因為少了蛋的味道，反而讓主題的食材風味更加突顯，也無需擔心膽固醇過量或是容易過敏的問題。此外，豆腐也可以取代雞蛋，補足成分中蛋白質的比例與濕度。

·以「高筋麵粉」加強凝結度
因為少了蛋的凝結力，我則嘗試將低筋麵粉改為高筋麵粉來製作蛋糕，利用高筋麵粉的筋性來補強，並仰賴水果中的膠質，互相加成扮演凝結及增加彈性的角色。

·以「大豆卵磷脂」幫助乳化
蛋黃含有豐富的卵磷脂，可幫助油水乳化，在純植物甜點中，我會以植物性的大豆卵磷脂或是豆漿米取代，它能有效的協助乳化，效果都很不錯。

POINT
創作純植物甜點時，要打破你對烘焙原料的既定認知，打開你的心，重新認識大自然給予的食材，觀察它們的特性，有時候就會激盪出奇妙的火花唷！

替代「牛奶」的天然食材－豆漿、植物奶

· 以「豆漿」取代牛奶

說到甜點裡大量使用的牛奶，其實可以很輕鬆地用台灣容易找到的豆漿來取代，但以我的經驗，豆漿的濃度會影響成品的狀態，太稀的豆漿，水分佔比較大，蛋白質的成分相對降低，而太濃的豆漿，水分也會稍微減少，多少都會影響成果。目前坊間的豆漿並沒有濃度比例的標示，需要靠自己試做的時候細心感受與調整，試著找到習慣的品牌，會增加製作的穩定度。

· 以「植物奶」取代牛奶

除了豆奶，也可以使用其他的植物奶，例如：杏仁奶、燕麥奶、腰果奶、椰奶……每種植物奶的性質不同，香氣也有些微差異，可以單一使用或是混搭，依照自己的喜好和想設計的產品風味來選擇。

如何替代「鮮奶油」

雖然坊間可以輕易找到植物性鮮奶油，但成分中往往有氫化油的反式脂肪，雖然包裝上反式脂肪標示為零，但政府法令容許在 5% 以下則可不需標示！既然純植物飲食就是想為身體帶來健康，那麼有疑慮的植物性鮮奶油，我建議大家大可以直接把它捨棄。

· 以天然「薯泥」製作純植物奶油擠花

為了讓純植物的甜點可以媲美傳統甜點，美美的奶油擠花仍然是必要的，一次偶然的機會下，看到日本京都和果子的製作過程，給了我靈感！突然想到，何不以天然薯泥（地瓜、馬鈴薯）來取代油膩的鮮奶油呢？
試驗的結果很成功，經過蒸熟並以細篩網過篩的薯泥，質地細緻滑順，它水分少及風味清淡的特性，很適合加進果汁、抹茶等不同風味的食材來變化風味。

· 以「核果奶」製作純植物鮮乃油

另一種製作擠花的好食材就是 — 核果類，核果經過浸泡，與植物奶混合後，使用強力的攪拌機（食物調理機），將核果打成細緻滑順的質地，口感則會非常接近傳統的動物性鮮奶油，濃厚又兼具清爽的口感，常常讓吃過的人非常驚艷！重點是比起動物性的鮮奶油，油脂比例降低非常多，而核果本身又具備豐富多樣的營養素，是單純高油脂的動物性鮮奶油無法媲美的地方。

如何替代「蛋白霜」

· 以「鷹嘴豆汁」打發蛋白霜

鷹嘴豆的蛋白質含量高，購買市售水煮鷹嘴豆罐頭時，可保留罐頭中的湯汁，稍微煮至濃縮，可比照打發蛋白的方式，加糖打發出「純植物蛋白霜」，這是國外素食者分享的技法，替代了傳統的蛋白打發，成品質地的挺度和外觀讓我非常驚訝，因為實在太像蛋白霜了！

如何替代「吉利丁」

吉利丁（明膠）是常見的甜點凝結材料，它是以動物的皮或骨作為膠質原料，用於軟凍、慕斯類的甜點中。

· 以「吉利 T」取代吉利丁

吉利 T 類似果凍粉，同時也是該產品商標名稱，是寒天和植物膠混合製作而成，可取代動物性的吉利丁。另外，以水果製作的果膠，也可以用來替代動物膠的使用，效果也非常好。此外，以洋菜粉、葛粉、蒟蒻粉、片栗粉、玉米粉來交錯搭配也都可以，每種特性不盡相同，成品會有不同的口感喔！

如何替代「起司」

· 以「腰果」創造起司風味

起司常常運用在乳酪蛋糕和慕斯類的甜點中，在這裡，我最常使用腰果來替代，以食物調理機打成泥，不論是質地或是口感，都可以很適切的模擬起司，與豆漿、植物奶搭配，就是最佳的起司替代組合。不僅甜品，也能將腰果起司使用在鹹食料理上，風味非常多變，美味又迷人。

增添「顏色」的方法

坊間的食用色素，會含如胭脂蟲（紅色素）等動物成分，我的建議是，多利用天然的蔬果粉或蔬果汁，如薑黃粉、莓果粉、抹茶粉、黑芝麻、紅麴粉……來製作。裝飾物則捨棄現成加工品，而改用水果、有機無毒花瓣、果泥、薯泥及腰果製作的天然乃油等。

堆疊「香氣」的訣竅

利用植物界花、葉、果獨有的香氣，就能組合出千變萬化的口味，不用擔心少了動物性食材會減少香味，善用香氣與味覺搭配，甜點即能精采萬分。

Chapter 1

Vegan Pound Cake

純植物・棒旦糕

暖暖的燈光下，攤開專屬於我的甜點筆記本，它記錄了小廚房裡發生的甜點歷程。

2009 年剛轉變成為一位 Vegan，我下決心要出做沒有雞蛋和奶製品的「旦」糕的時候，就是選擇先從最樸實經典的磅蛋糕著手，心想，如果我能將它試做成功，會覺得就像是我自己發給了自己一張通往未來的門票那樣地激勵著我的心！

比起傳統一磅奶油、一磅麵粉、一磅砂糖所組成的磅蛋糕，我把 Vegan Pound Cake 改良成少油、少糖的版本，並以植物性油脂取代奶油，將雞蛋改由營養的水果或南瓜泥補位，去掉動物性成分，並盡量選用有機和天然的食材製作。鑑於這些改變，我將磅蛋糕的「磅」字改為「棒」字，「蛋」糕改稱為「旦」糕，創造出經典卻創新的「棒旦糕」。

香蕉核桃棒旦糕

利用「葡萄籽油」、「香蕉泥」取代奶油、蛋

我想這款香蕉核桃棒旦糕，絕對在我內心佔有最經典、最重要的位置，即使作法簡單，但它卻是我進入純植物烘焙的第一個實驗成功的作品，也因為它的成功，才能衍生出其他心裡所想像的口味。替換成植物油脂並降低比例，利用香蕉泥取代雞蛋的黏結性，也帶來濕潤度與天然果香。

製 作 分 量
22 cm ×9 cm ×6 cm磅蛋糕模／1 條

烤 箱 預 熱
上火 180℃ ／下火 170℃

Ingredients
旦糕體
a
有機高筋麵粉 124 g
純可可粉 26 g
肉桂粉 1/8 t
小蘇打粉 1/2 t
無鋁泡打粉 1 t
b
熟透的香蕉 115 g
有機砂糖 88 g
海鹽 1/4 t
水 115 g
香草醬 2 g
c
葡萄籽油 44 g
d
黑葡萄乾 20 g
熟核桃 44 g
e
有機蘋果醋 14 g

巧克力淋面
有機無糖豆漿 96 g
葵花油 8 g
72% 苦甜巧克力豆 105 g
＊自製鏡面果膠 15 g －見 P.132

裝飾
香蕉 適量
有機砂糖 適量
熟核桃 適量

Point
旦糕體材料使用的香蕉要選擇外皮已經有黑點、熟透的香蕉，果肉熟軟之外，烘烤完成後香氣也更濃郁。

Step By Step

旦糕體

1. d 料黑葡萄乾先以蘭姆酒（蓋過葡萄乾的量）浸漬約 2 天，取出切對半（＊可讓烤焙後風味釋放更加美味），備用；熟核桃略為切碎，備用。

2. 烤模塗上一層有機冷壓椰子油（＊防沾黏、方便脫膜），備用。

3. b 料熟透的新鮮香蕉果肉搗碎成泥，加入其餘 b 料混合攪拌至糖融化，再加入 c 料，靜置備用。

4. a 料混合過篩，攪拌均勻，備用。

5. 將步驟 3 倒入步驟 4 中，並以攪拌棒由中心劃圓，將乾粉與濕料攪拌至無粉粒，倒入 d 料及 e 料，加入蘋果醋後麵糊會局部偏白發泡，此時改用橡皮刮刀，將麵糊混合拌至顏色均勻，即倒入步驟 2 烤模。

6. 以上火 180℃／下火 170℃，烤 35 ～ 37 分鐘（＊以探針插入無沾黏麵糊，或是以手指按壓旦糕表面，旦糕會很快回彈即可）。

7. 出爐→靜置 5 ～ 6 分鐘→以烤焙紙蓋上旦糕表面，翻轉倒扣脫模→將旦糕置於網架上放涼 10 ～ 15 分鐘→放入密閉保鮮盒中繼續放涼，期間注意記得把盒中的水氣擦除，可讓旦糕保持柔軟濕潤→待旦糕降至常溫即可放入冰箱冷藏一晚。

巧克力淋面

8. 有機無糖豆漿＋葵花油，一起以中小火加熱至 55℃，離火，鍋子墊上隔熱墊，加入苦甜巧克力豆，蓋上蓋子保溫，等待約 7 分鐘，將已融化的巧克力豆攪拌均勻，再加入自製鏡面果膠，再次攪拌均勻即可立即使用。

裝飾

9. 將剛完成的巧克力淋面直接淋在已完全降溫的香蕉核桃棒旦糕上，淋好後稍作等待，在淋面較為凝固時，將香蕉切片並鋪上有機砂糖，以噴槍炙燒，再搭配熟核桃裝飾即可。

Point
建議烤好的棒旦糕放至隔天再吃，味道會更為融合，質地也會更濕潤綿密。最好　週內食用完畢。吃之前於室溫靜置 5 分鐘回溫，香氣口感會更好，也可以用烤箱加熱成溫旦糕，都非常美味。

香橙南瓜棒旦糕

「南瓜」～完美的雞蛋替身

在一次拌煮南瓜濃湯時，腦袋突然閃過一個想法……咦！南瓜溫潤的甜度、熬煮出來濃稠的質地、黃澄澄的顏色，甚至連豐厚的香氣都跟蛋非常類似啊！於是馬上把剩下的半顆南瓜蒸熟，迫不及待把它拿來嘗試做了旦糕，成品非常成功，質地柔軟，香氣迷人，一口咬下，真的讓當時的我開心不已。請您跟我一起感受最初的感動吧！

製作分量

22 cm×9 cm×6 cm磅蛋糕
不沾模／1 條

烤箱預熱

上火 180℃／下火 180℃

Ingredients

a

有機高筋麵粉 150 g
薑母粉 2 g
小蘇打粉 1/2 t
無鋁泡打粉 1/2 t

b

蒸熟南瓜 65 g
有機砂糖 85 g
水 100 g
香草醬 2 g

c

葡萄籽油 60 g

d

＊糖漬柳橙皮 50 g
－見 P.47；切丁

e

有機蘋果醋 14 g

f

＊糖漬香橙片 5 片
－見 P.47

Step By Step

1. **b** 料以食物調理機打成泥，混合拌打至糖融化，加入 **c** 料，靜置備用。

2. **a** 料混合過篩，攪拌均勻，備用。

3. 將步驟 1 倒入步驟 2 中，並以攪拌棒由中心劃圓，將乾粉與濕料攪拌至無粉粒，倒入 **d** 料及 **e** 料，加入蘋果醋後麵糊會局部偏白發泡，此時改用橡皮刮刀，將麵糊混合拌至顏色均勻，倒入不沾烤模。

4. 以上火 180℃／下火 180℃，先烤 10 分鐘至旦糕表面定型→取出於旦糕表面排 5 片糖漬香橙片→放回烤箱，繼續烘烤約 35 分鐘（＊以探針插入無沾黏麵糊，或是以手指按壓旦糕表面，旦糕會很快回彈即可）。

5. 出爐→靜置 5～6 分鐘→以薄刀劃一下旦糕與烤模接觸的邊緣→用烤焙紙蓋上旦糕表面→戴上隔熱手套，一手輕蓋於旦糕上方，一手托住烤模底部，180 度翻轉後脫去烤模→將旦糕置於網架上放涼 15～20 分鐘→放入密閉保鮮盒中繼續放涼，期間注意記得把盒中的水氣擦除，可讓旦糕保持柔軟濕潤。

6. 待旦糕降至常溫，可於旦糕表面香橙片塗上一層透明＊自製鏡面果膠或杏桃果醬，放入冰箱冷藏保存即可。

Point

· 建議烤好的旦糕放至隔天再吃，味道會更為融合，質地也會更濕潤綿密。最好一週內食用完畢，吃之前放至室溫下 5 分鐘回溫，香氣口感會更好，也可以用烤箱烤熱成為溫旦糕，都非常美味。

· 冷藏前在香橙片上塗透明鏡面果膠或杏桃果醬，可讓烤過的香橙片恢復濕潤，表面晶亮的香橙也更加誘人！

藍莓巧克力棒旦糕

利用富含膠質的「果醬」取代雞蛋

有位吃過我甜點的同事來電，拜託我幫她做一個她外公可以吃的旦糕，她說：因親外公長年患有糖尿病，已經很久沒有吃甜點了……。一聽到生病的長輩想吃甜點，心疼之餘，馬上搜尋相關資料，搭配出這款讓她外公可以放心吃的甜點，我將有機砂糖改為低升糖的「有機椰子花蜜糖」，有機麵粉也部分換上有機全麥麵粉，還用了「純巧克力粉、肉桂、自製無糖藍莓果醬」等有益健康的食材，無意間更發現富有膠質的果醬，是很出色的雞蛋替代品呢！

製作分量

21 cm×6 cm×7 cm磅蛋糕不沾模／2 條

烤箱預熱

上火 170℃／下火 170℃

裝飾

＊自製鏡面果膠 適量－見 P.132

有機藍莓 少許

防潮糖粉 適量

Ingredients

旦糕體

a

有機高筋麵粉 130 g

有機全麥麵粉 65 g

可可粉 18 g

肉桂粉 1 又 1/2 t

小蘇打粉 1/2 t

無鋁泡打粉 1/2 t

b

＊無糖藍莓果醬 100 g －見 P.47

有機椰子花蜜糖 130 g

有機無糖豆漿 76 g

水 106 g

鹽 1/4 t

香草醬 2 g

c

葡萄籽油 58 g

d

有機藍莓果乾 65 g

e

有機蘋果醋 18 g

旦糕體

1. **d** 料有機藍莓乾以溫水先行浸泡，至膨脹變軟即瀝去水分，晾乾備用。
2. 烤模塗上一層有機冷壓椰子油（＊防沾黏、方便脫膜），備用。
3. **b** 料無糖藍莓果醬以壓泥器稍微搗碎，讓膠質充分釋放，加入其餘 **b** 料混合攪拌至糖融化，再加入 **c** 料，靜置備用。
4. **a** 料混合過篩，攪拌均勻，備用。
5. 將步驟 3 倒入步驟 4 中，並以攪拌棒由中心劃圓，將乾粉與濕料攪拌至無粉粒，倒入 **d** 料及 **e** 料，加入蘋果醋後麵糊會局部偏白發泡，此時改用橡皮刮刀，將麵糊混合拌至顏色均勻即倒入烤模。
6. 以上火 170℃／下火 170℃，烤 30 ～ 33 分鐘（＊以探針插入無沾黏麵糊，或是以手指按壓旦糕表面，旦糕會很快回彈即可）。
7. 出爐→靜置 5 ～ 6 分鐘→以烤焙紙蓋上旦糕表面，翻轉倒扣脫模→將旦糕置於網架上放涼 15 ～ 20 分鐘→放入密閉保鮮盒中繼續放涼，期間注意記得把盒中的水氣擦除，可讓旦糕保持柔軟濕潤→待旦糕降至常溫即可放入冰箱冷藏一晚。

裝飾

8. 食用前，將棒旦糕上方塗一層自製鏡面果膠（＊便於固定新鮮藍莓）→擺上新鮮藍莓之後→於旦糕上方撒少許防潮糖粉即可。

Point

建議烤好的棒旦糕放至隔天再吃，味道會更為融合，質地也會更濕潤綿密。最好一週內食用完畢，吃之前放至室溫下 5 分鐘回溫，香氣口感會更好，也可以用烤箱烤熱成為溫旦糕，都非常美味。

檸檬薰衣草棒旦糕

善用「水果」與「花草」調製甜點的情境香氣

你喜歡料理嗎？料理可以將食材隨性的搭配，創造出千變萬化的組合，香氣、口感、滋味都能被調整和創新。雖然甜點製程需要一定的比例方程式，但在一樣的基底，加入不同的材料，就能營造想要的情境與風味。

以這款旦糕來說，我想模擬出宛如身處春夏交接的清新田野間，臉龐上吹拂著清涼並帶有淡淡花草香氣的微風～所以選擇台灣產的有機黃檸檬與法國薰衣草兩種香氣做搭配，微微酸、微微甜、微微地香。你也可以憑感覺設計出帶有詩意的香氣，做個自由揮灑的甜點調香師。

製作分量

21 cm × 6 cm × 7 cm 小磅蛋糕模／2 條

烤箱預熱

上火 170℃／下火 170℃

Ingredients

旦糕體

a

有機高筋麵粉 110 g

無漂白低筋麵粉 100 g

小蘇打粉 1/4 又 1/8 t

無鋁泡打粉 1 又 1/4 t

b

有機嫩豆腐 180 g

蒸熟南瓜 40 g

有機砂糖 135 g

香草醬 2 g

c

葵花油 50g

有機冷壓椰子油 30 g

d

＊糖漬黃檸檬皮 85 g －見 P.47

乾燥薰衣草 1 又 1/4 t

e

有機蘋果醋 15 g

裝飾

a

新鮮黃檸檬汁 22 g

糖粉 150 g

b

有機黃檸檬片 少許

乾燥薰衣草 少許

新鮮薰衣草 1 支

Point

本書材料凡使用椰子油，請皆以常溫「液態」的性狀操作。

旦糕體

1. 乾燥薰衣草挑去粗梗雜質；準備 2 個小烤模，內側塗上有機冷壓椰子油，備用。

2. **d** 料取出靜置一晚的糖漬黃檸檬，瀝掉糖汁，切出檸檬皮部分，將檸檬皮切小丁，秤取 85g 備用。

3. **b** 料有機嫩豆腐＋蒸熟南瓜，放入食物調理機攪打成泥，加入其餘 **b** 料混合攪拌至糖融化，再加入 **c** 料，靜置備用。

4. **a** 料混合過篩，攪拌均勻，備用。

5. 將步驟 3 倒入步驟 4 中，並以攪拌棒由中心劃圓，將乾粉與濕料攪拌至無粉粒，倒入 **d** 料及 **e** 料，加入蘋果醋後麵糊會局部偏白發泡，此時改用橡皮刮刀，將麵糊混合拌至顏色均勻、檸檬皮丁及乾燥薰衣草分布均勻，即倒入烤模。

6. 以上火 170℃／下火 170℃，烤 30 ～ 33 分鐘（＊以探針插入無沾黏麵糊，或是以手指按壓旦糕表面，旦糕會很快回彈即可）。

7. 出爐→靜置 5 ～ 6 分鐘→以烤焙紙蓋上旦糕表面，翻轉倒扣脫模→將旦糕置於網架上放涼 15 ～ 20 分鐘→放入密閉保鮮盒中繼續放涼，期間注意記得把盒中的水氣擦除，可讓旦糕保持柔軟濕潤→待旦糕降至常溫即可放入冰箱冷藏一晚。

裝飾

8. **a** 料黃檸檬汁＋糖粉拌勻成檸檬糖霜，淋在已冷藏一晚的檸檬薰衣草棒旦糕上，讓糖霜均勻自然地覆蓋在旦糕上，靜置至糖霜表面乾燥不黏手，即可在上方點綴 **b** 料新鮮檸檬片及薰衣草。

Point

這款旦糕光是淋上糖霜就已經非常美味，照片上示範以新鮮檸檬裝飾，會讓糖霜較快融化，建議盡快享用喔！

焦糖無花果棒旦糕

「超級食物－奇亞籽」膠質滿滿似蛋白

奇亞籽遇到水會慢慢泌出它特有的膠質，質地與蛋白變類似的，於是我大膽地試用它，看看它質地像蛋，是否連烤焙後也能取代蛋的功能，出爐後的旦糕質地令人滿意，糕體很是柔軟濕潤。製作純植物旦糕的好處是不必刻意掩蓋雞蛋的蛋腥味，因為如此，反而可以讓我在想表現的風味上更加明顯，不論是花香、果香、巧克力香、糖香、茶香……都變得比較突出，就像是一齣舞台劇的女主角，終於重新站回了聚光燈之下，讓觀眾可以看清楚她細膩表情與試圖傳達出的情感。

製作分量

22 cm ×9 cm ×6 cm 磅蛋糕模／ 1 條

烤箱預熱

上火 180℃ ／下火 180℃

Ingredients

旦糕體

a

有機高筋麵粉 150 g

豆蔻粉 1/8 t

小蘇打粉 1/2 t

無鋁泡打粉 1/2 t

b

奇亞籽 5 g

有機無糖豆漿 60 g

水 100 g

* 焦糖醬 60 g －見 P.45

有機黑糖 80 g

咖啡粉 1/4 t

香草醬 2 g

c

葵花油 30 g

有機冷壓椰子油 30 g

d

* 酒漬無花果 85 g －見 P.45

e

有機蘋果醋 15 g

裝飾

* 酒漬無花果 8 小塊－見 P.45

熟杏仁片 少許

* 焦糖醬 適量－見 P.45

* 自製鏡面果膠 適量－見 P.132

旦糕體

1. **b** 料放入食物調理機攪打成細滑狀，加入 **c** 料，靜置備用。
2. **a** 料混合過篩，攪拌均勻，備用。
3. 將步驟 1 倒入步驟 2 中，並以攪拌棒由中心劃圓，將乾粉與濕料攪拌至無粉粒，倒入 **d** 料及 **e** 料，加入蘋果醋後麵糊會局部偏白發泡，此時改用橡皮刮刀，將麵糊混合拌至顏色均勻、果乾分布均勻，即倒入烤模。
4. 以上火 180℃／下火 180℃，烤 35 ～ 37 分鐘（＊以探針插入無沾黏麵糊，或是以手指按壓旦糕表面，旦糕會很快回彈即可）。
5. 出爐→靜置 5 ～ 6 分鐘→以烤焙紙蓋上旦糕表面，翻轉倒扣脫模→將旦糕置於網架上放涼 15 ～ 20 分鐘→放入密閉保鮮盒中繼續放涼，期間注意記得把盒中的水氣擦除，可讓旦糕保持柔軟濕潤→待旦糕降至常溫即可放入冰箱冷藏一晚。

裝飾

6. 酒漬無花果均勻塗上自製鏡面果膠→將果乾擺在棒旦糕上→點綴熟杏仁片→擠上焦糖醬裝飾即可。

自製焦糖醬

Ingredients
有機砂糖 180 g ｜ 冷水 105 g
熱水 55 g

Step By Step
❶ 選一個厚鍋或不沾鍋，將有機砂糖與冷水倒入鍋中，以中小火加熱，先不需攪拌，只要不時搖動鍋子。
❷ 當糖水開始冒泡並開始轉成紅棕色時，將沸騰的熱水倒入（＊這個步驟切記要戴上隔熱手套，防止焦糖加水時的瞬間噴濺和衝上的水蒸氣）。
❸ 熱水加入後，再次搖動鍋子，並以長柄的耐熱攪拌勺將焦糖與水快速攪拌融合，待鍋中醬漿再次煮滾，即可熄火，立即裝至玻璃瓶，冷卻後即是帶有焦糖香氣的琥珀色糖漿。

自製酒漬無花果

Ingredients
土耳其大顆無花果乾 200 g
蘭姆酒 200 g

Step By Step
❶ 無花果乾以十字型切法分切成 4 小塊，放入密封容器中，倒入蘭姆酒浸漬至少一天，讓果乾恢復濕軟且增添香氣即可。
＊浸漬愈久香味愈濃，如不喜歡酒味的話，可以用半量的糖水取代蘭姆酒。

糖漬香橙片

Ingredients
有機香丁 1 顆
有機砂糖 50 g
丁香 3 粒
肉桂棒 1 根
水 100 g

Step By Step
1. 有機香丁洗淨，切成 0.5 ㎝厚度的薄片，加入其餘材料一起放入鍋中，以中小火煮約 15 分鐘，至橙片呈半透明狀，熄火，放涼備用即完成（＊可裝飾於旦糕表面增加美感與豐富度）。

糖漬柳橙皮

Ingredients
有機香橙 2 顆
有機砂糖 適量
水 適量

Step By Step
1. 香橙洗淨，去掉果肉，將剝下的橙皮放入鍋中，加水蓋過橙皮，煮至沸騰後取出橙皮，用刀刮除橙皮白膜的部分，並將橙皮切成小丁狀。
2. 以橙皮：水：有機砂糖＝ 1：1：0.3 的重量比例，秤取所需砂糖和水，一起放入鍋中，邊攪動邊以中小火煮至鍋內水分濃縮即完成（＊加入麵糊中可增加旦糕口感和香氣）。

無糖藍莓果醬

Ingredients
有機藍莓 150 g
檸檬 1/4 顆

Step By Step
1. 有機藍莓洗淨，放入鍋中，以小火邊拌邊煮至藍莓出水，擠入 1/4 顆的檸檬汁，繼續煮至濃稠，即完成無糖藍莓果醬。

糖漬黃檸檬

Ingredients
有機黃檸檬 1 顆
有機砂糖 60 g
水 60 g

Step By Step
1. 黃檸檬洗淨，切成片狀，放入小鍋中，倒入有機砂糖及水，以小火加熱（＊火侯不能太大，否則會使水分太快散失，但檸檬片還無法煮至透明），過程中稍稍翻動讓糖融化，這時檸檬會開始出水。
2. 煮至開始有濃稠感時，輕輕翻動避免焦底，煮 12 ～ 15 分鐘，待糖漿變得濃稠、檸檬片變得透明即完成（＊成品可密封靜置一夜風味更佳）。

Chapter 2

Vegan Cupcake

純植物・杯子旦糕

剛開始試做無蛋奶的「旦糕」，講求的是傳統蛋糕的口感和迷人的風味，儘管蠻喜歡棒旦糕樸質的外觀，但心底總有個聲音在跟自己說：「難道無蛋奶旦糕不能有美麗多變的擠花嗎？」

偶然在一本日本雜誌上，看到製作和菓子的相關內容介紹，紅豆泥、白鳳豆泥、黑豆泥等食材在職人的巧手中幻化成各種美麗又可口的糕點。於是腦中出現了——「何不使用台灣在地的番薯泥來試做擠花的想法？！」於是就這樣，成功製作出了我人生中自創的東方口味的西式擠花，取代了坊間以鮮奶油為基底的奶油擠花！

玫瑰香水杯子旦糕

用「純露」增添甜點香氣

好喜歡玫瑰的花香～大概是因為小時候家裡的院子裡那唯一的一株玫瑰，每到春天就會開起幾朵秀氣的粉紅色玫瑰花，花小小的，香氣卻甜蜜醉人。

這款旦糕擠花裡加進了有機的食用玫瑰純露，每咬一口，玫瑰的香氣就會在鼻尖繚繞，屬於小女孩記憶中的美好，都藏在這款粉紅色的杯子旦糕裡了！

製作分量

模底 Ø5 cm × h 3.5 cm／11 個

烤箱預熱

上火 170℃／下火 170℃

Ingredients

紅麴旦糕體

a

有機高筋麵粉 256 g

小蘇打粉 4/5 t

無鋁泡打粉 3/5 t

b

蒸熟南瓜 104 g

水 72 g

有機砂糖 148 g

香草醬 2 g

紅麴粉 1/2 t

c

葡萄籽油 88 g

d

有機蘋果醋 14 g

玫瑰覆盆子薯泥

蒸熟黃地瓜 252 g

蒸熟紫地瓜 84 g

葡萄籽油 5 g

覆盆子果醬 54 g －去籽

有機玫瑰花純露（花水） 10 g

其它

覆盆子果醬 適量

有機乾燥玫瑰花苞 22 朵

Step By Step

紅麴旦糕體

1. b 料放入食物調理機攪打成泥，混合攪拌至糖融化，再加入 c 料靜置（＊不需再攪打），備用。

2. a 料混合過篩，攪拌均勻，備用。

3. 將步驟 1 倒入步驟 2 中，以攪拌棒由中心劃圓，將乾粉與濕料攪拌至無粉粒，倒入 d 料蘋果醋，此時麵糊會局部偏白發泡，改用橡皮刮刀，將麵糊混合拌至顏色均勻。

4. 倒入已鋪上蛋糕紙模的馬芬烤模，約 8 分滿，每顆麵糊重量約 60 g，以上火 170℃／下火 170℃，烤 22 ～ 25 分鐘（＊以探針插入，無沾黏麵糊及旦糕頂部以手指按壓後會快速回彈即可出爐）。

5. 出爐→靜置 3 分鐘→再從模具中取出→於室溫放置 10 分鐘→放入密閉保鮮盒中繼續放涼，期間注意記得擦去盒中的水氣，如此可以讓旦糕保持柔軟濕潤→待旦糕降至常溫即可放入冰箱冷藏，備用。

玫瑰覆盆子薯泥

6. 所有材料混合拌勻，以細篩網過篩，篩除地瓜泥的粗纖維，再次攪拌均勻，裝入玫瑰花嘴擠花袋，放進冰箱冷藏，備用。

組合裝飾

7. 將冷卻的旦糕頂部中心處挖出約 2 cm的孔洞→填入覆盆子果醬→放在蛋糕轉檯上→取玫瑰覆盆子薯泥擠花袋，以波浪般的上下擺動，順時鐘擠出兩層如裙擺皺褶的造型擠花→頂端放 2 朵玫瑰花苞裝飾即可。

Point

‧馬芬旦糕體可以搭配各種喜歡的填醬，簡易快速的變化口味。

‧製作擠花餡時，若材料中使用帶籽果醬，要先用細篩網去籽，讓擠花餡能滑順細緻。

‧分裝杯子旦糕麵糊時，建議使用冰淇淋勺舀取，較好操作。

鳳梨百香杯子旦糕

以「水果」帶入色澤與風味

台灣是個以水果著稱的寶島，有不少香氣濃郁的水果，非常適合增加旦糕的風味及
個性，其中我非常喜歡運用的即是百香果，果實熟成後那無比濃郁的香氣，真不枉
它果如其名～搭配同樣是金黃色的炙燒鳳梨果肉，滿滿的夏日南洋風完美呈現！

製 作 分 量

模底 Ø5 cm × h 3.5 cm／11 個

烤箱預熱

上火 170℃／下火 170℃

Ingredients

百香果旦糕體

a

有機高筋麵粉 256 g

小蘇打粉 4/5 t

無鋁泡打粉 1/2 t

b

蒸熟南瓜 100 g

水 75 g

新鮮帶籽百香果汁 80 g

有機砂糖 148 g

香草醬 2 g

c

葵花油 88 g

d

有機蘋果醋 14 g

百香果薯泥

蒸熟黃地瓜泥 250 g

百香果醬 84 g －去籽

葡萄籽油 22 g

其它

百香果醬 適量

新鮮鳳梨圓片 1 片

百香果旦糕體

1. **b** 料放入食物調理機攪打成泥，混合攪拌至糖融化，再加入 **c** 料拌勻，靜置備用。

2. **a** 料混合過篩，攪拌均勻，備用。

3. 將步驟 1 倒入步驟 2 中，以攪拌棒由中心劃圓，將乾粉與濕料攪拌至無粉粒，倒入 **d** 料果醋，此時麵糊會局部偏白發泡，改用橡皮刮刀，將麵糊混合拌至顏色均勻。

4. 倒入已鋪上蛋糕紙模的馬芬烤模，約 8 分滿，每顆麵糊重量約 60 g，以上火 170℃／下火 170℃，烤 22 ～ 25 分鐘（＊以探針插入，無沾黏麵糊及旦糕頂部以手指按壓後會快速回彈即可出爐）。

5. 出爐→靜置 3 分鐘→再從模具中取出→於室溫放置 10 分鐘→放入密閉保鮮盒中繼續放涼，期間記得擦除盒中的水氣，可讓旦糕保持柔軟濕潤→待旦糕降至常溫即可放入冰箱冷藏，備用。

百香果薯泥

6. 所有材料混合拌勻，以細篩網過篩，篩除地瓜泥的粗纖維，再次攪拌均勻，裝入菊花嘴擠花袋，放進冰箱冷藏，備用。

組合裝飾

7. 將冷卻的旦糕頂部中心處挖出約 2 cm的孔洞→填入百香果醬→取百香果薯泥擠花袋，順時鐘擠出螺旋造型擠花→鳳梨片以瓦斯噴槍炙燒後切角→放在頂端裝飾即可。

Point

‧利用「果醬、地瓜泥、植物油」調和出的純植物擠花餡，天然無負擔！原理其實和近年流行的韓式裱花豆沙相似。

‧在烤好的杯子旦糕中填醬，可增加糕體的濕潤度、增添風味，口感層次更加分！

抹茶栗子杯子旦糕

用「腰果奶」模擬無蛋奶的植物系鮮「乃」油

這款杯子旦糕的擠花，我嘗試使用更細緻的「腰果奶」來製作，地瓜泥則是輔助支撐擠花的挺度，並以椰子油遇冷凝固的特性，做出有如鮮奶油質地卻不易軟塌，與薯泥不同口感的擠花。多多運用想像力，也許你也可以創作出不同材料所製作出的創意擠花喔！

製作分量

模底 Ø5 cm × h 3.5 cm／10 個

烤箱預熱

上火 170℃／下火 170℃

Ingredients

抹茶栗子旦糕體

a

有機高筋麵粉 180 g

抹茶粉 8 g

小蘇打粉 1/4 t

無鋁泡打粉 1 t

b

蒸熟南瓜 82 g

水 130 g

有機砂糖 118 g

香草醬 2 g

c

葵花油 64 g

d

有機蘋果醋 14 g

e

＊糖漬甘栗 50 g －切小丁

抹茶腰果乃油

生腰果 60 g

有機無糖豆漿 30 g

有機糖粉 15 g

有機冷壓去味椰子油 12 g

有機冷壓椰子油 12 g

蒸熟黃地瓜 120 g

抹茶粉 8 g

栗子醬

＊無糖熟板栗仁 200 g

有機無糖豆漿 80 g

有機砂糖 10 g

香草醬 4 g

裝飾

＊糖漬甘栗 10 顆

Point

市面上有品質優良的無糖熟板栗和糖漬甘栗可購買，能節省製作時間，若想自己從頭到尾從生栗煮熟→糖漬，可參考 P.61。

抹茶栗子旦糕體

1. **b** 料放入食物調理機攪打成泥，混合攪拌至糖融化，再加入 **c** 料靜置（＊不需再攪打），備用。

2. **a** 料混合過篩，攪拌均勻，備用。

3. 將步驟 1 倒入步驟 2 中，以攪拌棒由中心劃圓，將乾粉與濕料攪拌至無粉粒，加入 **d** 料和 **e** 料，倒入果醋時，麵糊會局部偏白發泡，改用橡皮刮刀，將麵糊混合拌至顏色均勻、甘栗丁分布均勻。

4. 倒入已鋪上蛋糕紙模的馬芬烤模，約 8 分滿，每顆麵糊重量約 60 g，以上火 170℃／下火 170℃，烤 22 ～ 25 分鐘（＊以探針插入，無沾黏麵糊及旦糕頂部以手指按壓後會快速回彈即可出爐）。

5. 出爐→靜置 3 分鐘→再從模具中取出→於室溫放置 10 分鐘→放入密閉保鮮盒中繼續放涼，期間記得擦除盒中的水氣，可讓旦糕保持柔軟濕潤→待旦糕降至常溫即可放入冰箱冷藏，備用。

抹茶腰果乃油

6. 生腰果洗淨，以蓋過腰果約 5 cm的冷開水浸泡至少 4 小時（＊浸泡隔夜效果最佳）。

7. 將泡軟的腰果瀝乾，與豆漿、糖粉、椰子油一起放入食物調理機，混合攪打至滑順無顆粒狀，加入蒸熟地瓜打至均勻細緻，再加入抹茶粉，打至顏色均勻（＊切勿攪打過久，否則抹茶顏色會變得暗沈），裝入菊花嘴擠花袋，放進冰箱冷藏，備用。

栗子醬

8. 所有材料放入食物調理機，混合攪打至滑順無顆粒狀，備用。

組合裝飾

9. 將冷卻的旦糕頂部中心處挖出約 2 cm的孔洞→填入栗子醬→取抹茶腰果乃油擠花袋，順時鐘擠出螺旋造型擠花→頂端以糖漬甘栗裝飾即可。

無糖熟板栗仁

Ingredients

新鮮去膜生栗子 600 g

Step By Step

❶ 去膜生栗子洗淨，放入電鍋，外鍋倒入 1.5 杯水，煮至開關跳起即可。

糖漬甘栗

Ingredients

大顆帶殼生栗子 600 g
有機砂糖 400 g
水 700 g
香草莢 1 支－剖開取籽

Step By Step

❶ 帶殼生栗子去硬殼，放入鍋中，倒入淹過栗子的水，煮至滾沸，轉小火（＊避免栗子煮破）煮 20 分鐘，瀝除水分，沖冷水。
❷ 重複步驟 1 煮栗子，總共煮 6 次，每一次沖冷水過程中，都要用手輕輕將膜上突起的多餘軟毛和粗糙纖維搓揉去除，只保留咖啡色薄膜。
❸ 將步驟 2 煮好的帶膜熟栗子放進鍋中，加入有機砂糖和水，煮至滾沸，轉小火，蓋上鍋蓋慢煨煮，至糖漿開始稍微呈濃稠狀時，加入香草籽，邊煮邊翻攪動，避免焦底，待糖漿收汁即可裝罐密封，冷藏保存即可。

Point

栗子每煮 20 分鐘就瀝乾沖冷水，用意在避免栗子太過軟爛，同時可保持栗子顆粒形狀完整好看。

紅豆黑巧克力杯子旦糕

「巧克力、紅豆、肉桂粉」的美好相遇

多年前的一次東京旅遊,無意間在表參道上遇見一間巧克力甜品專賣店,暗黑色調的古典裝潢有一股紳士與貴婦般低調奢華的氣質,蛋糕櫃裡擺放著店裡的招牌商品,看上去是撒著巧克力粉的深褐色磅蛋糕,忍不住買了一塊試試,嚐起來是苦甜巧克力混合日式紅豆及肉桂的成熟風味,滋味很是特別,讓我印象非常深刻~於是用自己的想像再次重現當時記憶中屬於日本洋食的一派優雅!

製作分量
模底 Ø5 cm × h 3.5 cm ／ 10 個

烤箱預熱
上火 170℃／下火 170℃

Ingredients
紅豆可可旦糕體
a
有機高筋麵粉 140 g
純可可粉 20 g
肉桂粉 2 t
小蘇打粉 1/2 t
無鋁泡打粉 1/2 t
b
蜜紅豆 80 g
有機無糖豆漿 50 g
水 120 g
有機黑糖 100 g
香草醬 2 g
鹽 1/8 t
c
葵花油 75 g
d
有機蘋果醋 15 g
e
蜜紅豆粒 50 g

豆奶巧克力乃油
有機無糖豆漿 180 g
葡萄籽油 56 g
肉桂粉 1/4 t
72% 苦甜巧克力豆 96 g
有機糖粉 34 g
可可粉 24 g

紅豆巧克力醬
蜜紅豆粒 80 g
有機無糖豆漿 35 g
葡萄籽油 5 g
香草醬 2 g
可可粉 1 又 1/2 t
肉桂粉 1/2 t

裝飾
防潮可可粉 適量

紅豆可可旦糕體

1. **b** 料混合拌勻，以手持式攪拌棒混合攪打至糖融化、呈細滑狀，再加入 **c** 料靜置（＊不需再攪打），備用。

2. **a** 料混合過篩，攪拌均勻，備用。

3. 將步驟 1 倒入步驟 2 中，以攪拌棒由中心劃圓，將乾粉與濕料攪拌至無粉粒，加入 **d** 料和 **e** 料，倒入果醋時，麵糊會局部偏白發泡，改用橡皮刮刀，將麵糊混合拌至顏色均勻、蜜紅豆粒分布均勻。

4. 將步驟 3 倒入已放入蛋糕紙模的馬芬烤模，每顆麵糊重量約 58 g（約 8 分滿），以上火 170℃／下火 170℃，烤 22 ～ 25 分鐘（＊以探針插入，無沾黏麵糊及旦糕頂部以手指按壓後會快速回彈即可出爐）。

5. 出爐→靜置 3 分鐘→再從模具中取出→於室溫放置 15 分鐘→放入密閉保鮮盒中繼續放涼，期間記得擦去盒中的水氣，可讓旦糕保持柔軟濕潤→待旦糕降至常溫即可放入冰箱冷藏，備用。

豆奶巧克力乃油

6. 豆漿＋葡萄籽油＋肉桂粉，放入鍋中邊攪拌邊加熱至 55℃，熄火，倒入苦甜巧克力豆，蓋上鍋蓋，墊上隔熱墊保溫，靜置約 7 分鐘。

7. 待巧克力豆充分軟化，以橡皮刮刀拌勻，加入糖粉和可可粉拌勻，以細篩網過篩，裝入菊花嘴擠花袋，放進冰箱冷藏，備用。

紅豆巧克力醬

8. 蜜紅豆以壓泥器搗成泥，加入其餘材料拌勻成滑順狀，備用。

組合裝飾

9. 將冷卻的旦糕頂部中心處挖出約 2 cm 的孔洞→填入紅豆巧克力醬→取豆奶巧克力乃油擠花袋，先以手溫稍微搓軟→於旦糕上方順時鐘擠出螺旋造型擠花→撒上防潮可可粉裝飾即可。

自製蜜紅豆粒

Ingredients
有機紅豆 300 g
有機砂糖 200 g

Step By Step

❶ 紅豆洗淨，以冷開水浸泡一晚，瀝除水分，放入電子鍋中，加入淹過紅豆 1 cm 的水。

❷ 按下煮飯鍵，在即將煮好的前 10 分鐘掀開，加入糖，輕輕拌勻，蓋上鍋蓋，繼續煮至完成，不開蓋繼續燜 10 分鐘，即完成粒粒分明的蜜紅豆。

喝一杯咖啡杯子旦糕

「核桃＋豆漿」打出天然鮮乃油

有一次，我在店裡廚房忙進忙出，竟忘了取出烤箱中已烤好的整盤核桃，等到想起時，核桃早已烤過頭……雖然還可以吃，顏色卻過深、無法用於販售的旦糕裡，因為珍惜食材，於是將核桃與豆漿放入食物調理機攪打，想做成核桃豆漿給夥伴們當點心，但攪打過程中驚訝地發現，核桃與豆漿竟然可以打出類似鮮奶油的質地，而且挺度與空氣感兼具！於是我用這款無意間發明的「核桃鮮乃油」模擬咖啡上的奶泡，搭配咖啡口味的杯子旦糕，說這是個美麗的錯誤一點也不為過啊～

製作分量
模底 Ø5 cm × h 3.5 cm／10 個

烤箱預熱
上火 170℃／下火 170℃

Ingredients
咖啡旦糕體

a
有機高筋麵粉 180 g
可可粉 6 g
小蘇打粉 1/2 t
無鋁泡打粉 1/2 t

b
蒸熟南瓜 60 g
水 130 g
有機黑糖 110 g
濃縮咖啡粉 4 t
香草醬 4 g
鹽 1/8 t

c
葵花油 50 g
含糖花生醬 15 g
有機冷壓椰子油 15 g

d
有機蘋果醋 15 g

豆奶核桃鮮乃油
烤熟核桃 80 g
有機無糖豆漿 72 g
有機糖 15 g
有機冷壓椰子油 40 g

咖啡卡士達醬
無漂白低筋麵粉 7 g
葵花油 8 g
水 90 g
濃縮咖啡粉 5 g
有機黑糖 28 g

裝飾
咖啡豆 11 顆

Step By Step

咖啡旦糕體

1. **b** 料混合拌勻，以手持式攪拌棒混合攪打至糖融化、呈細滑狀，再加入 **c** 料靜置（＊不需再攪打），備用。
2. **a** 料混合過篩，攪拌均勻，備用。
3. 將步驟 1 倒入步驟 2 中，以攪拌棒由中心劃圓，將乾粉與濕料攪拌至無粉粒，加入 **d** 料果醋時，麵糊會局部偏白發泡，改用橡皮刮刀，將麵糊混合拌至顏色均勻。
4. 倒入已鋪上蛋糕紙模的馬芬烤模，約 8 分滿，每顆麵糊重量約 58 g，以上火 170℃／下火 170℃，烤 22 ～ 25 分鐘（＊以探針插入，無沾黏麵糊及旦糕頂部以手指按壓後會快速回彈即可出爐）。
5. 出爐→靜置 3 分鐘→再從模具中取出→於室溫放置 15 分鐘→放入密閉保鮮盒中繼續放涼，期間記得把盒中的水氣擦除，可讓旦糕保持柔軟濕潤→待旦糕降至常溫即可放入冰箱冷藏，備用。

豆奶核桃鮮乃油

6. 所有材料放入食物調理機，攪打至細緻滑順、無顆粒狀，裝入圓口花嘴擠花袋，放進冰箱冷藏，備用。

咖啡卡士達醬

7. 低筋麵粉＋葵花油，放入鍋中，混合拌勻，加入其餘材料攪拌均勻至糖融化，開小火邊煮邊攪拌至沸騰冒泡，馬上離火，需趁熱、未凝固前填入旦糕中。

組合裝飾

8. 將冷卻的旦糕頂部中心處挖出約 2 cm 的孔洞→填入咖啡卡士達醬→待卡士達醬冷卻，取豆奶核桃鮮乃油擠花袋，順時鐘擠出螺旋造型擠花→擺上烤焙過的咖啡豆裝飾即可。

Point
這款旦糕我改用自己的咖啡杯來烤製，更有名符其實「喝一杯咖啡的錯覺」！
你也可以選擇家中的素面耐烤瓷咖啡杯，試著烤一杯唷！

Chapter 3

Vegan Party Cake

純植物‧派對旦糕

母親節、父親節、生口……雖是不同的重要節日，但我們都渴望與最親密的家人朋友共渡，熱鬧團聚的派對上，許多人都想用甜點作為完美的 Happy Ending，藉此表達對家人朋友的關愛與思念！

如果能在每一個製造回憶的時刻，獻上一份不僅美味又兼顧健康概念的甜點，更能完全表露你心中滿滿的祝福，而能放心地看著家人大口享用，最開心的人絕對是我們自己。

鮮花旦糕

以「天然蔬果」調色的「腰果乃油」

傳統的生日蛋糕通常會使用多層次的堆疊，再裹上經典的白色鮮奶油，而這款旦糕不同的是其美麗的淡粉色奶油，並不是市售鮮奶油，而是由腰果製作而成！天然核果的油脂，口感濃厚卻非常清爽，製作時可以選用自然蔬果來調色。

旦糕夾層餡料可搭配不同的果醬、水果、果乾、核果……變化出多種風味組合；外觀以幾朵洗淨的鮮花裝飾，馬上就能表現春日的優雅氣息～當然，你也可再嘗試以書中分享的其它種純植物乃油，設計出屬於自己的獨特派對旦糕，相信與你分享的家人和朋友，絕對會被你收服！

製作分量

5 吋活動蛋糕模／2 個

烤箱預熱

上火 170℃／下火 170℃

Ingredients

巧克力海綿旦糕體

a

有機高筋麵粉 180 g

可可粉 30 g

小蘇打粉 1/2+1/4 t

無鋁泡打粉 1/2+1/4 t

b

蒸熟南瓜 90 g

水 144 g

有機砂糖 128 g

香草醬 4 g

c

葵花油 80 g

d

有機蘋果醋 20 g

腰果乃油

a

生腰果 150 g

有機無糖豆漿 126 g

有機檸檬汁 50 g

有機玫瑰花純露（花水） 1 T

冷開水 30 g

蒸熟黃地瓜 300 g

有機砂糖 20 g

香草醬 2 g

有機冷壓椰子油 40 g

有機冷壓去味椰子油 25 g

b

天然杏桃果膠 50 g

水 20 g

c

新鮮火龍果汁 10 g －過篩去籽

夾餡

a

覆盆莓果醬 60 g

水 30 g

b

新鮮草莓 10 ～ 15 顆－切片

裝飾

鮮花 數朵

巧克力海綿旦糕體

1. **b** 料放入食物調理機，混合攪打至南瓜無纖維、糖融化，加入 **c** 料靜置（＊不需再攪打），此即濕料，備用。

2. 烤模塗上一層有機冷壓椰子油（＊防沾黏、方便脫膜），備用。

3. **a** 料混合過篩，攪拌均勻成粉料，備用。

4. 將步驟 1 倒入步驟 3 中，以打蛋器由中心劃圓，將粉料與濕料攪拌至無粉粒，加入 **d** 料果醋時，麵糊會局部偏白發泡，改用橡皮刮刀，將麵糊混合拌至顏色均勻。

5. 倒入烤模，約 8 分滿，每個麵糊重量約 330 g，以上火 170℃／下火 170℃，烤 30 ～ 33 分鐘（＊以探針插入無沾黏麵糊，或以手指按壓旦糕表面會快速回彈即可）。

6. 出爐→靜置 5 ～ 6 分鐘→從烤模中取出→置於網架上放涼 15 ～ 20 分鐘→放入密閉保鮮盒中繼續放涼，期間注意擦去盒中水氣，可讓旦糕保持柔軟濕潤→待旦糕降至常溫即可放入冰箱冷藏，備用。

腰果乃油

7. 前一晚先將 **a** 料中的生腰果洗淨，以蓋過腰果約 5 ㎝的冷開水浸泡至隔天，瀝乾水分，與其餘 **a** 料一起放入食物調理機，混合攪打至細緻滑順。

8. **b** 料放入鍋中，邊煮邊攪拌，煮至冒泡，熄火，放至微溫後，倒入步驟 7 的 **a** 料中，繼續以食物調理機混合打勻。

9. 加入 **c** 料，再次攪打均勻至顏色均勻，裝入擠花袋，冷藏至稍微凝固（＊試擠一下如太軟，就繼續冷藏，若冷藏隔夜後擠花稍硬，則以手溫搓揉擠花袋，可幫助回軟至剛好適用的軟度），備用。

夾餡

10. 將 **a** 料混合稀釋；**b** 料草莓洗淨，拭乾水分後切片，備用。

組合裝飾

11. 將 2 個巧克力海綿旦糕體平均各橫切成 3 片，合計 6 片，以此堆疊組合 1 個鮮花旦糕。

12. 依序取 1 片旦糕片→塗上稀釋的覆盆莓果醬→放在旦糕轉盤上→以繞圈方式擠上腰果乃油→以抹刀刮平→放上草莓片→再蓋上 1 片旦糕片，重複上述步驟，完成 6 片旦糕片堆疊（＊頂端旦糕片一樣要刷覆盆莓果醬）。

13. 將腰果乃油塗佈至整個旦糕外層，運用轉盤，邊轉邊以抹刀或刮板抹平乃油表面，使之平整，旦糕頂端以鮮花裝飾即可。

Point

・鮮花須事先以少許食用級蔬果清潔劑加上小盆清水，稍微浸泡清洗，輕輕甩乾水分，以面紙輕輕吸乾外表水分後，方可使用（＊亦可挑選食用花卉來裝飾）。

・腰果乃油材料中的杏桃果膠也可使用市售（或自製）鏡面果膠替代，但要確認原料皆為植物性，使用起來並無差別，在醬料中運用膠質，可增加醬料滑順度與聚合度。

胡蘿蔔裸旦糕

Vegan 版胡蘿蔔旦糕＋微酸「乃油起司」

胡蘿蔔蛋糕是很多曾旅居國外的朋友都會念念不忘的經典甜點，開店後詢問度很高，但如何以純植物作法重現經典的風味呢？首先就是要掌握它濃郁的肉桂、豆蔻、橙皮香氣，並用切碎的核桃增加旦糕的層次，重點是加入大量的有機胡蘿蔔絲，因為它的甜味經過烤焙則會轉化成甜蜜蜜的香氣，而與胡蘿蔔旦糕最搭的就是微帶酸味的奶油起司，當然～我也把它改成純植物的版本囉！坦白說，每次嚐這款 Vegan 版的胡蘿蔔旦糕，連我自己都為它深深迷醉，是那種一吃就很難忘懷的暖心滋味，我想這就是它讓各地遊子們魂牽夢縈的理由。

製作分量

5 吋活動蛋糕模／ 2 個

烤箱預熱

上火 175℃／下火 175℃

Ingredients

胡蘿蔔海綿旦糕體

a

有機高筋麵粉 48 g

無漂白低筋麵粉 86 g

純椰奶粉 13 g

肉桂粉 1 t

豆蔻粉 1/2 又 1/8 t

鹽 1/2 又 1/8 t

小蘇打粉 1/2 又 1/4 t

無鋁泡打粉 1/2 又 1/4 t

b

蒸熟南瓜 45 g

顆粒狀卵磷脂 2 又 1/2 t

水 36 g

有機黑糖 45 g

有機砂糖 45 g

香草醬 6 g

c

葵花油 92 g

d

有機胡蘿蔔 116 g －刨絲

烤熟核桃 54 g －切碎

新鮮橙皮屑 12 g

e

有機蘋果醋 16 g

腰果乃油起司

a

生腰果 128 g

有機無糖豆漿 60 g

有機砂糖 30 g

香草醬 4 g

有機檸檬汁 12 g

有機冷壓椰子油 10 g

有機冷壓去味椰子油 24 g

b

蒸熟地瓜 100 g －常溫

裝飾

烤熟核桃 少許－切碎

防潮糖粉 少許

胡蘿蔔海綿旦糕體

1. **b** 料放入食物調理機，混合攪打至南瓜無纖維、糖融化，加入 **c** 料靜置（＊不需再攪打），此即濕料，備用。

2. 烤模塗上一層有機冷壓椰子油（＊防沾黏、方便脫膜），備用。

3. **a** 料混合過篩，攪拌均勻成粉料，備用。

4. 將步驟 1 倒入步驟 3 中，以打蛋器由中心劃圓，將粉料與濕料攪拌至無粉粒，加入 **d** 料，改用橡皮刮刀大致拌勻後，加入 **e** 料蘋果醋，此時麵糊會局部偏白發泡，將麵糊混合拌至顏色均勻。

5. 倒入烤模，約 7 分滿，每個麵糊重量約 310 g，以上火 175℃／下火 175℃，烤 37 ～ 40 分鐘（＊以探針插入無沾黏麵糊，或以手指按壓旦糕表面會快速回彈即可）。

6. 出爐→靜置 5 ～ 6 分鐘→從烤模中取出→置於網架上放涼 15 ～ 20 分鐘→放入密閉保鮮盒中繼續放涼，期間記得擦去盒中水氣，可讓旦糕保持柔軟濕潤→待旦糕降至常溫即可冷藏，備用。

腰果乃油起司

7. 前一晚先將 **a** 料中的生腰果洗淨，以蓋過腰果約 5 cm 的冷開水浸泡至隔天，瀝乾水分，與其餘 **a** 料一起放入食物調理機，混合攪打至細緻滑順。

8. 加入 **b** 料，繼續以食物調理機混合攪打至均勻細緻，裝入擠花袋中，冷藏備用。

組合裝飾

9. 取 1 個胡蘿蔔海綿旦糕體→放在蛋糕轉檯上→以繞圈方式擠上腰果乃油起司→蓋另一個胡蘿蔔海綿旦糕體→再擠一層腰果乃油起司→撒上烤熟核桃→撒上防潮糖粉裝飾即可。

秋日蒙布朗

滿滿「栗子」的經典蒙布朗

蒙布朗是非常經典的一道甜點，既然經典，更不能錯過純植物的版本，這款用了大量有機栗子做出的甜點，讓我回憶起義大利之旅曾經遇見的栗子樹，它落下無數碩大的栗子，在清晨公園的草地上被剛昇起的太陽照得閃閃發光！

栗子溫潤醇厚，帶有自然甜蜜的香氣，而加進栗子的甜點，總是帶有一股陽剛與溫柔並存的中性韻味，幾年前我用這款栗子旦糕為我的另一半慶祝生日，用來謝謝他平日對我的照顧與包容，也是秋天出生的他，非常喜歡這款旦糕，也常常提起呢！

在這裡，讓我完整地重現這顆用來表達愛意的秋日旦糕吧！

製 作 分 量

7 吋中空圓模／ 1 個

烤 箱 預 熱

上火 175℃／下火 175℃

Ingredients
海綿旦糕體

a

有機高筋麵粉 130 g

無漂白低筋麵粉 44 g

小蘇打粉 1/2 t

無鋁泡打粉 1/2 t

b

蒸熟南瓜 60 g

水 96 g

有機砂糖 105 g

香草醬 2 g

c

葵花油 60 g

d

有機蘋果醋 12 g

栗子乃油－ 3 色

a

生腰果 225 g

有機無糖熟板栗 240 g

有機無糖豆漿 130 g

水 60 g

有機砂糖 52 g

香草醬 3 g

有機冷壓椰子油 62 g

有機去味椰子油 35 g

b

吉利 T 粉 14 g

有機砂糖 14 g

水 50 g

c

抹茶粉 1/2 t

紫薯粉 1 t

蒸熟紫薯 25 g －過篩壓泥

其它

糖漬甘栗 30 g －切丁

糖漬甘栗 8 顆

Step By Step

海綿旦糕體

1. **b** 料放入食物調理機，混合攪打至南瓜無纖維、糖融化，加入 **c** 料靜置（＊不需再攪打），此即濕料，備用。
2. 烤模塗上一層有機冷壓椰子油（＊防沾黏、方便脫膜），備用。
3. **a** 料混合過篩，攪拌均勻成粉料，備用。
4. 將步驟 1 倒入步驟 3 中，以打蛋器由中心劃圓，將粉料與濕料攪拌至無粉粒，加入 **d** 料蘋果醋，此時麵糊會局部偏白發泡，改用橡皮刮刀，將麵糊混合拌至顏色均勻。
5. 倒入烤模，以上火 175℃／下火 175℃，烤約 37 分鐘（＊以探針插入，無沾黏麵糊及旦糕頂部以手指按壓後會快速回彈即可出爐）。
6. 出爐→靜置 5 ～ 6 分鐘→從烤模中取出→倒扣置於網架上放涼 15 ～ 20 分鐘→放入密閉保鮮盒中繼續放涼，期間記得擦去盒中水氣，可讓旦糕保持柔軟濕潤→待旦糕降至常溫即可冷藏，備用。

栗子乃油

7. 前一晚先將 **a** 料中的生腰果洗淨，以蓋過腰果約 5 ㎝的冷開水浸泡至隔天，瀝乾水分，與其餘 **a** 料一起放入食物調理機，高速攪打至細緻滑順。
8. **b** 料吉利 T 粉＋有機砂糖先混合拌勻（＊可避免吉利 T 粉結塊），加入水拌勻，靜置約 10 分鐘，讓吉利 T 粉較為軟化後，以小火加熱至沸騰冒泡，熄火，待溫度稍微下降，倒入步驟 7，再次以食物調理機打勻，完成原色栗子乃油。
9. 取約 60 g 原色栗子乃油，加入 **c** 料抹茶粉，以橡皮刮刀拌勻，完成抹茶栗子乃油，裝入星型花嘴擠花袋中，備用。
10. 取約 130 g 原色栗子乃油，加入 **c** 料紫薯粉和蒸熟紫薯泥，以橡皮刮刀拌勻，完成紫薯栗子乃油，裝入星型花嘴擠花袋中，備用。
11. 取約 70 g 原色栗子乃油，放入星型花嘴擠花袋；剩餘原色栗子乃油裝入鋸齒排花嘴擠花袋，備用。

組合裝飾

12. 將栗子海綿旦糕體橫切成 2 半→移至蛋糕轉檯→下層旦糕片擠上紫薯栗子乃油→抹平→撒上糖漬栗子丁→蓋上上層旦糕片→輕壓固定，若有擠出的紫薯栗子乃油，可用刮刀刮除。
13. 以原色栗子乃油（鋸齒排花嘴擠花袋）由下往上將旦糕外側擠滿乃油→再以同樣方式擠滿旦糕內側。
14. 取原色栗子乃油（菊花嘴擠花袋）以對角線方式擠上 8 朵乃油花→擺上 8 顆糖漬甘栗→於甘栗周圍間隙擠入抹茶栗子乃油和紫薯栗子乃油花。
15. 將原色栗子乃油換上較小的菊花嘴→沿著旦糕底部擠一圈乃油花收尾即可。

Point

這裡我用了兩種栗子，一種是無糖的有機熟甘栗；用在乃油裡，不會太甜膩；一是糖漬甘栗，用在內餡夾層與頂端裝飾，因糖漬過，搭配旦糕及乃油食用時較能凸顯栗子風味！以上兩種栗子可購買市售品或自製（見 P.61）。

Point

· 若調理機較大，製作總量低於 300 g 的乃油時，會因噴濺而無法集中於底部，很難將材料打均勻，於是我通常會將分量做到至少 300 g，而裝飾完剩下的乃油，可另外做杯子蛋糕搭配使用。

· 如果沒有馬上要用，可以將剩下乃油裝入密封袋中，冷凍保存。使用前一晚，先放到冷藏慢速退冰，待回復適當的柔軟狀態後，即可裝袋擠花（＊腰果乃油切勿重複退冰，會影響乃油質地，可只取需要的量退冰使用）。

無麩質花式布朗尼

「無麩質、無蛋奶」巧克力風味更突出

對於少數無法享用麵粉製品的朋友，我將配方中的麵粉改為杏仁粉和有機糙米粉混搭！糖則選用低 GI 的有機椰子花蜜糖，雞蛋以南瓜及有機豆腐混搭取代。沒有蛋和厚重的奶油搶味，成品的巧克力香氣意外變得更突出，質地上也因為豆腐和南瓜的加入更顯溫潤可口！這款改良的配方，絕對可以讓想要兼顧健康的布朗尼控，絲毫察覺不出失去了什麼，唯一會失去的只有身體的負擔和堆積的脂肪～

製作分量

6 吋方模／1 個

烤箱預熱

上火 170℃／下火 170℃

Ingredients

無麩質布朗尼旦糕體

a

杏仁粉 40 g

有機糙米粉 50 g

純可可粉 50 g

肉桂粉 1/2 t

無鋁泡打粉 1/4 t+1/8 t

b

蒸熟南瓜 80 g

嫩豆腐 90 g

有機椰子花蜜 90 g

海鹽 1/4 t

香草醬 3 g

c

葵花油 44 g

有機冷壓椰子油 10 g

巧克力鮮乃油

有機無糖豆漿 180 g

葡萄籽油 56 g

72% 苦甜巧克力豆 34 g

純可可粉 10 g

糖粉 3 g

核桃豆奶鮮乃油

烤熟核桃 120 g

有機無糖豆漿 110 g

有機黑糖 22 g

有機冷壓椰子油 60 g

其它

加州黑棗乾 50 g －切小塊

＊酒漬無花果 50 g －見 P.45

＊自製鏡面果膠 適量－見 P.132

巧克力羽毛飾片 1 片

食用金粉 少許

Step By Step

無麩質布朗尼旦糕體

1. **b** 料放入食物調理機，混合攪打至南瓜無纖維、糖融化，加入 **c** 料靜置（＊不需再攪打），此即濕料，備用。

2. 烤模底部鋪一張烤焙紙，內側塗上一層有機冷壓椰子油（＊防沾黏、方便脫膜），備用。

3. **a** 料混合過篩，攪拌均勻成粉料，備用。

4. 將步驟 1 倒入步驟 3 中，以橡皮刮刀將粉料與濕料攪拌均勻，倒入烤模。

5. 以上火 170℃／下火 170℃，烤 25 ～ 27 分鐘（＊以探針插入無沾黏麵糊，或以手指按壓旦糕表面會「慢慢」回彈即可）。

6. 出爐→靜置 25 分鐘→從烤模中倒扣取出→放入密閉保鮮盒中繼續放涼，期間記得擦去盒中的水氣，可讓旦糕保持柔軟濕潤→待旦糕降至常溫即可放入冰箱冷藏，備用。

巧克力鮮乃油

7. 豆漿＋葡萄籽油，放入鍋中，邊攪拌邊加熱至 55℃，熄火，倒入苦甜巧克力豆，蓋上鍋蓋，墊上隔熱墊保溫，靜置約 7 分鐘。

8. 待巧克力豆充分軟化，以橡皮刮刀拌勻，加入純可可粉和糖粉，拌勻，再以細篩網過篩，分成 2 份，裝入星型／鋸齒排花嘴擠花袋，冷藏至少 3 小時，備用。

核桃豆奶鮮乃油

9. 所有材料放入食物調理機，攪打至細緻滑順、無顆粒狀，裝入星型花嘴擠花袋，放進冰箱冷藏，備用。

組合裝飾

10. 酒漬無花果和黑棗乾塗上鏡面果膠；巧克力羽毛飾片表面刷上食用金粉，備用。

11. 取鋸齒排花嘴巧克力鮮乃油，在旦糕表面鋪滿巧克力鮮乃油→取星型花嘴巧克力鮮乃油，等距擠花→取星型花嘴核桃豆奶鮮乃油，於間隙擠花→擺上酒漬無花果和黑棗乾→以巧克力羽毛飾片裝飾即可。

Point

· 這款布朗尼旦糕體的粉量低，不需要烤得太熟，否則會太乾，只要手指按壓糕表面時，會「慢慢」回彈，即可出爐。

· 冷藏過的巧克力鮮乃油使用時需軟硬度適中，若太硬要以雙手的溫度稍做搓揉，可先試擠在盤子上，確認狀態滑順時，再擠在充分冷卻的布朗尼旦糕上。

櫻桃巧克力旦糕

純植物「巧克力淋面」

用咕咕洛夫模烤出來的旦糕，總覺得有一股莫名的貴氣，不用多加修飾就已經非常優美，但即使如此，我還是想在這裡示範一次華麗版本的咕咕洛夫旦糕，將它披上充滿誘人光澤的巧克力淋面，藉此證明，即使只用純植物材料也能展現如此優雅的奢華風！

這款旦糕用了三種紫黑色的水果——台灣桑葚果醬、進口新鮮黑櫻桃及黑棗果乾，來搭配比利時苦甜巧克力，靈感來自莎士比亞的 14 行詩，這位大詩人總是在字裡行間藏著他對神秘情人 DarkLady 濃烈的愛意，讓讀詩的人充滿對愛情的想像，正如同這款旦糕的設定，風味深邃、濃郁中又帶有散發隱約風韻的黑色果香。

製作分量

6 吋咕咕洛夫模／1 個

烤箱預熱

上火 170℃／下火 170℃

Ingredients

果香可可咕咕洛夫

a

有機高筋麵粉 150 g

可可粉 26 g

小蘇打粉 1/4+1/8 t

無鋁泡打粉 1/4+1/8 t

b

桑葚果醬 75 g

水 40 g

黑櫻桃糖汁（罐頭） 40 g

有機砂糖 70 g

香草醬 2 g

海鹽 1/4 t

c

葵花油 55 g

d

黑櫻桃果肉（罐頭） 40 g － 1 切 4

加州黑棗乾 40 g － 切 0.5 ㎝小丁

e

有機蘋果醋 20 g

巧克力淋面

有機無糖豆漿 96 g

葵花油 8 g

72% 苦甜巧克力豆 105 g

＊自製鏡面果膠 15 g －見 P.132

裝飾

新鮮黑櫻桃 適量－去核切角

食用金箔 少許

果香可可咕咕洛夫

1. b 料放入食物調理機，混合攪打至均勻細緻、糖融化，加入 c 料靜置（＊不需再攪打），此即濕料，備用。

2. 烤模底部鋪一張烤焙紙，內側塗上一層有機冷壓椰子油（＊防沾黏、方便脫膜），備用。

3. a 料混合過篩，攪拌均勻成粉料，備用。

4. 將步驟 1 倒入步驟 3 中，以打蛋器由中心劃圓，將粉料與濕料攪拌至無粉粒，加入 d 料，改用橡皮刮刀大致拌勻後，加入 e 料果醋，此時麵糊會局部偏白發泡，將麵糊混合拌至顏色均勻。

5. 倒入烤模，以上火 170℃／下火 170℃，烤 35 ～ 37 分鐘（＊以探針插入無沾黏麵糊，或以手指按壓旦糕表面會快速回彈即可）。

6. 出爐→靜置 5 ～ 6 分鐘→倒扣置於網架上放涼 15 分鐘→放入密閉保鮮盒中繼續放涼，期間注意記得擦去盒中的水氣，可讓旦糕保持柔軟濕潤→待旦糕降至常溫即可放入冰箱冷藏，備用。

巧克力淋面

7. 豆漿＋葵花油，放入鍋中，邊攪拌邊加熱至 55℃，熄火，倒入苦甜巧克力豆，蓋上鍋蓋，靜置約 7 分鐘。

8. 待巧克力豆充分軟化，以橡皮刮刀拌勻，加入自製鏡面果膠，拌勻，再以細篩網過篩，降溫至 32 ～ 33℃即可開始淋面。

組合裝飾

9. 旦糕體放在網架上，將已降溫至 32 ～ 33℃的巧克力淋面慢慢淋滿旦糕表面→頂端擺上新鮮櫻桃果肉→以食用金箔裝飾即可。

Point

旦糕烤好放涼，當以保鮮盒保存時，底部務必要墊上可以散熱的網架，我習慣用日式捲壽司用的竹簾，較不占空間，也可以讓旦糕底部繼續散熱，不會因為直接接觸容器造成底部濕黏。

Chapter 4

Vegan Mousse Dessert

純植物・雪藏旦糕

甜點不是只能用高溫才能完成，利用低溫也可以做出美味的甜點！本篇章內的幾款
純植物點心都是利用「油脂遇冷凝固」的原理，將厚重的鮮奶油基底更改成「腰果、
豆漿、有機椰子油」，就可以營造出濃郁滑順又入口即化的誘人口感！

純植物的成分絕對可以複製出傳統的慕斯、起司、冰淇淋，唯一不同的是一「成分
中的油脂降低」，吃起來更為清爽無負擔。不相信？那就跟我一起試做看看吧！

哈密薄荷起司旦糕

「水果＋香草」風味結構法

大地生長出的每一種果實、葉與花，都有它們自己獨有的香氣～
用台灣盛產的水果，搭配在地小農種植的香草植物，是我慣用的風味結構法。在設定甜點口味的時候，會發現有些組合完全無法搭配，但有些組合就像是突然遇到失散多年的兄弟般令人驚喜，這款旦糕裡，哈密瓜與薄荷的兩種香氣就是如此意外地契合，彷彿它們本來就屬於彼此！

製作分量

6 吋活動蛋糕模／1 個

冰箱冷凍

3 小時

Ingredients

堅果餅乾底

＊原味手工餅乾 90 g
－見 P.103
烤熟核桃 10 g －剁小塊
有機糖粉 8 g
有機冷壓椰子油 26 g

薄荷起司

a

生腰果 83 g
哈密瓜果肉 50 g
有機砂糖 8 g
有機冷壓去味椰子油 42 g
新鮮薄荷葉 7 g －不取梗

b

吉利 T 粉 5 g
有機砂糖 5 g
冷開水 20 g

哈密瓜果凍

哈密瓜果肉 80 g
吉利 T 粉 5 g
有機砂糖 8 g
冷開水 10 g

哈密瓜起司

a

生腰果 150 g
哈密瓜果肉 110 g
有機砂糖 8 g
有機無糖豆漿 15 g
有機冷壓去味椰子油 55 g

b

吉利 T 粉 6 g
有機砂糖 6 g
水 25 g

裝飾

哈密瓜球 8 顆
藍莓 少許
茉莉花 少許－洗淨瀝乾

Step By Step

堅果餅乾底

1. 活動蛋糕模內側圍一圈市售透明圍邊條，接頭處以雙面膠黏貼固定。
2. 手工餅乾剝小塊，放入食物調理機打至粉碎，加入烤熟核桃，以高速瞬打數次至細碎（＊勿打過久，核桃會出油），倒出至調理盆中，加入糖粉和液態椰子油，拌勻。
3. 將步驟 2 餅乾料倒入步驟 1 活動蛋糕模，以湯匙背面將餅乾屑推壓鋪平，移入冰箱冷凍 15 分鐘至定型，備用。

薄荷起司

4. 前一晚先將 a 料中的生腰果洗淨，以蓋過腰果約 5 cm的冷開水浸泡至隔天，瀝乾水分，與其餘 a 料一起放入食物調理機，混合攪打至細緻滑順。
5. b 料吉利 T 粉＋砂糖先混合拌勻（＊可避免吉利 T 粉結塊），加入水拌勻，靜置約 10 分鐘，讓吉利 T 粉較為軟化後，以小火加熱至微滾冒泡，熄火，倒入步驟 4，再次以食物調理機打勻，備用。

組合 1

6. 取出定型的步驟 3 蛋糕模→倒入薄荷起司→輕敲模具底部讓空氣釋出，使表面平整→放入密封盒中（＊防止組織乾燥及冰箱異味滲入），移入冰箱冷凍，備用。

哈密瓜果凍

7. 哈密瓜果肉以食物調理機攪打成細緻的果泥，加入其餘材料，再次攪打均勻，倒出至小鍋中，以中火加熱至 85℃，熄火，立刻倒入方形保鮮盒中，稍微放涼後移至冰箱冷藏約 3 ～ 4 小時，備用。

哈密瓜起司

8. 前一晚先將 a 料中的生腰果洗淨，以蓋過腰果約 5 cm的冷開水浸泡至隔天，瀝乾水分，與其餘 a 料一起放入食物調理機，混合攪打至細緻滑順。
9. b 料吉利 T 粉＋砂糖先混合拌勻（＊可避免吉利 T 粉結塊），加入水拌勻，靜置約 10 分鐘，讓吉利 T 粉較為軟化後，以小火加熱至微滾冒泡，熄火，倒入步驟 8，再次以食物調理機打勻，備用。

組合 2

10. 取出已冷凍至表面定型的步驟 6 薄荷起司旦糕→倒入 1/2 哈密瓜起司，稍微傾斜轉動讓起司攤平→將步驟 7 已凝固的哈密瓜果凍切成小丁，均勻擺在哈密瓜起司上→再倒入剩餘的哈密瓜起司→模具底部輕敲幾下，釋出空氣使表面均勻平整→再次放入密封盒中，冷凍 2 ～ 3 小時。

裝飾

11. 取出已冷凍至定型的起司旦糕→表面擺放哈密瓜球→周圍以藍莓和茉莉花裝飾完成。
12. 食用前先脫模並撕開圍邊條→於室溫下靜置退冰約 15 分鐘，即可切片享用。

做純植物的慕斯或起司類旦糕，我會將傳統甜點使用的動物性吉利丁（片）改成「植物性的果膠」，如：杏桃果膠、洋菜粉、鏡面果膠。果膠除了幫助凝固，也有助增加滑順口感，因用量很少，想要方便快速，可以用市售現成果膠，喜歡自己動手做，就可參照哈密瓜薄荷起司旦糕的作法，以植物性的「吉利T粉」來製作。

手工餅乾

製作分量

約 450 g

烤箱預熱

上火 160℃／下火 160℃

Ingredients

a

無漂白低筋麵粉 200 g

太白粉 20 g

杏仁粉 40 g

無鋁泡打粉 1/4 t

b

＊白製糖漿 130 g 一見 P.167

葵花油 60 g

Step By Step

❶**a** 料乾粉類混合過篩，攪拌均勻，備用。

❷**b** 料確實混合，以打蛋器攪打至油水乳化均勻。

❸ 將步驟 2 乳化的濕料倒入步驟 1 乾料中，以橡皮刮刀拌合均勻至無粉粒、成團。

❹ 桌上鋪烘焙紙，將步驟 3 麵團整形成圓團狀，放於烘焙紙上，以手掌稍微壓扁，再於麵團上鋪第二張烘焙紙，以桿麵棍將麵團推擀成厚度約 0.4 cm 的片狀，切塊。

❺ 逐一排列在烤盤上→以上火160℃／下火 160℃烘烤 25 分鐘→開爐，將烤盤轉向→續烤約 10 分鐘→出爐，冷卻後放入密封盒備用即可。

市售起司蛋糕的餅乾底多以消化餅乾製作，但用料無法自己把關，所以我還是選擇自己挑選原料，製作餅乾底。這款手工餅乾風味單純，材料簡單，能凸顯慕斯的風味～當然，你也可以選擇 Chapter 6 的餅乾來作底，一樣很美味唷！

花香莓果慕斯旦糕

「腰果奶＋植物性果膠」創造慕斯滑順口感

這款慕斯旦糕營造女性喜歡的甜美浪漫風，所以我設計了帶有花香調的薰衣草覆盆莓慕斯，作為主調，再將腰果乃油調配得柔軟一些，模擬傳統的慕斯蛋糕口感，重點是將動物性的吉利丁更換成植物性的果膠，成品仍然有良好的凝固效果，口感也非常滑順！

製作分量

6 吋活動蛋糕模／1 個

冰箱冷凍

1 小時

Ingredients

薰衣草莓果慕斯

a

生腰果 150 g

有機無糖豆漿 32 g

有機砂糖 20 g

香草醬 2 g

有機檸檬汁 20 g

水 13 g

有機冷壓去味椰子油 26 g

b

新鮮覆盆子 80 g －過篩去籽

c

天然杏桃果膠 30 g

洋菜粉 1 g

水 20 g

d

乾燥薰衣草 1 又 1/4 t

乾燥草莓丁 2 T

原味慕斯

a

生腰果 90 g

水 30 g

有機砂糖 30 g

檸檬汁 45 g

有機冷壓去味椰子油 60 g

天然杏桃果膠 12 g

水 12 g

粉紅鮮乃油

a

生腰果 60 g

檸檬汁 20 g

有機無糖豆漿 30 g

有機砂糖 30 g

蒸熟黃地瓜 160 g

有機冷壓去味椰子油 18 g

b

天然杏桃果膠 15 g

水 10 g

c

新鮮火龍果汁 10 g

－過篩去籽

紫色鮮乃油

a

生腰果 60 g

檸檬汁 20 g

有機無糖豆漿 30 g

有機砂糖 30 g

蒸熟黃地瓜 100 g

蒸熟紫地瓜 60 g

有機冷壓去味椰子油 18 g

b

天然杏桃果膠 15 g

水 10 g

c

新鮮火龍果汁 10 g

－過篩去籽

其它

5 吋＊南瓜海綿旦糕 1 個

－見 P.107

乾燥草莓粒 少許

裝飾

15. 待表層原味慕斯凝固後取出→等距間隔擠一圈粉色鮮乃油花（＊可先用圓形模於表面輕壓出圓圈作記號，沿圓圈線條擠花）→間隙擠入紫色鮮乃油花→撒上些許乾燥草莓粒即完成。

16. 食用前從冷凍庫取出→脫模並撕開圍邊條→於室溫下靜置退冰 5 ～ 10 分鐘，即可切片享用。

南瓜海綿旦糕

製作分量
5 吋活動蛋糕模／1 個

烤箱預熱
上火 170℃／下火 170℃

Ingredients

a
有機高筋麵粉 103 g
小蘇打粉 1/4 又 1/8 t
無鋁泡打粉 1/4 又 1/8 t

b
蒸熟南瓜 45 g
水 72 g
有機砂糖 64 g
香草醬 2 g

c
葵花油 40 g

d
有機蘋果醋 10 g

Step By Step

❶ b 料放入食物調理機，混合攪打至南瓜無纖維、糖融化，加入 c 料靜置（＊不需再攪打），此即濕料，備用。

❷ 烤模塗上一層有機冷壓椰子油（＊防沾黏、方便脫膜），備用。

❸ a 料混合過篩，攪拌均勻成粉料，備用。

❹ 將步驟 1 倒入步驟 3 中，以打蛋器由中心劃圓，將粉料與濕料攪拌至無粉粒，加入 d 料醋時，麵糊會局部偏白發泡，改用橡皮刮刀，將麵糊混合拌至顏色均勻。

❺ 倒入烤模，以上火 170℃／下火 170℃，烤 30 ～ 35 分鐘（＊以探針插入無沾黏麵糊，或以手指按壓旦糕表面會快速回彈即可）。

❻ 出爐，靜置 5 ～ 6 分鐘→脫模→置於網架上放涼 15 ～ 20 分鐘→放入密閉保鮮盒中繼續放涼，期間注意記得擦去盒中的水氣，可讓旦糕保持柔軟濕潤→待旦糕降至常溫，放入冰箱冷藏備用即可。

這款純植物海綿旦糕以「南瓜」取代雞蛋，以「葵花油」取代奶油，風味單純不搶戲，是我常用來搭配慕斯用的基礎海綿配方。

桑葚慕斯可可杯

以「鷹嘴豆罐頭豆汁」打出「純素蛋白霜」

這款甜點主要是以「鷹嘴豆罐頭的豆汁」替代傳統的蛋白打發，質地的挺度和外觀讓我非常驚訝，因為實在太像蛋白霜了！

再以豆漿取代動物性鮮奶油，和苦甜巧克力豆融合出糖度較低的甘納許，組合出質地非常輕盈化口的巧克力慕斯，試吃的第一口竟有吃舒芙蕾的錯覺！差別只在於它不是溫熱剛出爐，而是冰冰涼涼的另類版本。

製作分量

4 個

冰箱冷凍

3 小時

Ingredients

巧克力慕斯

罐頭鷹嘴豆汁 120 g

有機砂糖 20 g

義式濃縮咖啡 30 g

72% 苦甜巧克力豆 100 g

巧克力杯

72% 苦甜巧克力豆 100 g

小型氣球 4 顆

裝飾

桑葚果醬 4 t

防潮巧克力粉 少許

新鮮桑葚 4 顆

新鮮百里香 4 小段

Step By Step

巧克力杯

1. 苦甜巧克力豆放入容器中，隔水加熱至全部融化，離火降溫。

2. 桌上鋪一張烤焙紙，先勻少量的巧克力於烘焙紙上，當作杯子的底座。

3. 氣球打氣至適當大小→將氣球底部 1/2 的範圍輕輕旋轉沾上融化的苦甜巧克力→放在步驟 2 的巧克力底座上→放入冰箱冷凍至凝固定型，備用。

巧克力慕斯

4. 取 1 罐鷹嘴豆罐頭，瀝出 120g 的鷹嘴豆汁，倒入自動攪拌缸中，以中速攪拌，待開始發泡後加入砂糖，繼續攪打至糖融化，且豆汁呈現硬性發泡，再倒入濃縮義式咖啡，繼續打至均勻，完成鷹嘴豆蛋白霜。

5. 在步驟 4 打鷹嘴豆汁時，一邊準備一鍋熱水，將苦甜巧克力豆隔熱水融化，備用。

6. 倒出步驟 4 打好的鷹嘴豆蛋白霜，加入已融化的步驟 5 苦甜巧克力，手持橡皮刮刀輕柔地拌勻，保持蛋白霜的氣泡，混合均勻後灌入擠花袋中，置於常溫備用。

組合

7. 取出已定型的巧克力杯→剪去氣球上端打結處→小心拉除氣球→於巧克力杯底部填入 1 t 的桑葚果醬→擠入巧克力慕斯至 2/3 杯高處→立即放回冰箱冷凍，再次將慕斯冷凍定型。

8. 食用前取出→撒上防潮巧克力粉→放上新鮮桑葚和百里香裝飾即可。

Point

．鷹嘴豆的蛋白質含量高，以「濃縮鷹嘴豆汁＋糖」打發出「純植物蛋白霜」，是國外素食者分享的技法，也掀起一股 Vegan 料理的創新。你可以試著以此技法替換原本使用動物性蛋白霜製作的甜點配方，也許會有意外的收穫唷！

．慕斯類甜點製作完成後，放到冰箱冷凍一晚，讓材料風味融合再食用，吃起來會更美味！

焦糖蜜桃慕斯杯

打破框架！復刻美味

做純植物甜點最有趣的事，應該就是在尋找植物材料、或嘗試不同作法時，往往會因為一個隨性的想法，而延伸出意想不到的結果。就像這款慕斯，是某天在水果攤上看見熟成微軟的甜桃，散發著暖暖的香甜味，讓我想起成為純素食主義的 Vegan後，就再也沒有辦法嚐的一款蜜桃核桃起司抹醬，所以突然很想重新複製記憶中想念的味道，決定利用焦糖熬煮甜桃果肉，再一起打進腰果慕斯基底，讓慕斯本身帶有甜桃淡雅的香氣，配上焦糖苦甜與核桃的口感，於是那熟悉的好味道又回來了！

製作分量

2 杯

冰箱冷藏

2 小時

Ingredients

焦糖甜桃

a

有機砂糖 220 g

冷開水 80 g

b

微熟甜桃果肉 500 g －切瓣

有機砂糖 100 g

甜桃慕斯

生腰果 105 g

有機無糖豆漿 80 g

有機砂糖 20 g

有機檸檬汁 15 g

有機冷壓去味椰子油 25 g

有機冷壓椰子油 10 g

香草醬 2 g

* 焦糖甜桃 80 g －瀝乾醬汁

其它

*南瓜海綿旦糕邊角料

60 g －見 P.107；切丁

烤熟核桃 20 g －切碎

Step By Step

焦糖甜桃

1. 取一個鑄鐵鍋，倒入 **a** 料，以中小火熬煮（＊過程中不要攪動），煮至呈焦糖色。

2. 加入 **b** 料，轉小火繼續熬煮約 10 分鐘，熄火，靜置放涼並讓甜桃更入味，備用。

甜桃慕斯

3. 前一晚先將生腰果洗淨，以蓋過腰果約 5 cm的冷開水浸泡至隔天，瀝乾水分，備用。

4. 將步驟 3 倒入食物調理機，加入其餘材料，混合攪打至細緻滑順，備用。

組合

5. 取 2 個容量 250ml 的透明玻璃杯→分別倒入約 100 g 甜桃慕斯→各放入約 30 g 南瓜海綿旦糕邊角料→各撒上約 10 g 烤熟核桃→再各倒入約 65 g 甜桃慕斯，覆蓋住旦糕丁→以保鮮膜覆蓋杯口→放入冰箱冷藏約 2 小時，待慕斯確實降溫並凝固。

6. 食用前，將剩餘的焦糖蜜桃放入杯子上層→淋上些許煮焦糖甜桃的醬汁即可。

草莓冰淇淋

「純植物系」冰淇淋組成法

冰涼滑順的冰淇淋應該是地球人共同的心頭好，對一個純植物飲食的 Vegan 來說，也是無法割捨的想念之一。重視健康與重視純植物成分的人，通常買東西一定會閱讀背後的成分說明，而市售的冰淇淋實在是太難達到標準，光是高量的動物性脂肪，就無法符合兩種期待。

還好，山不轉路轉～這款冰淇淋我使用富含天然植物油脂的「濃椰奶取代鮮奶油」、「草莓本身的膠質取代雞蛋」，再利用「濃豆漿中具備的卵磷脂來取代乳化劑」，將油脂與水分完全乳化融合，雖然只有簡單的四種材料，但口感與香氣都兼具了！當然，對健康與愛心的要求也兼顧囉！

製作分量

450 g

冰箱冷凍

8 小時

Ingredients
新鮮有機草莓 160 g
濃椰奶 150 g
有機無糖濃豆漿 70 g
有機砂糖 70 g

Step By Step

1. 草莓洗淨、去蒂頭，與所有材料一起放入食物調理機，攪打至均勻細緻。

2. 將步驟 1 倒出至冰淇淋機中，設定自動攪拌，時間到即可將完成的冰淇淋裝進方便挖取的容器中，表面緊貼一層烘焙紙，防止冰晶產生。

3. 食用前，以冰淇淋勺挖起冰淇淋球，依個人喜好搭配新鮮草莓或淋上草莓糖漿即可。

Point

· 市售椰奶的濃稠不一，製作冰淇淋時，要選擇脂肪含量較高的濃椰漿，英文標示為 Coconut Cream，不要買成比較稀 的 Coconut Milk。

· 沒有冰淇淋機也 OK ！將打好的步驟 1 倒入鋼盆中（容器大小要預留可攪拌空間），放進冰箱冷凍，每隔 1 小時取出半凝結的冰淇淋，再次攪拌，重複 3 ～ 4 次，繼續冷凍至凝結即可。

· 因為材料純天然，此款冰淇淋成品融化速度比市售冰淇淋快，食用前可將盛盤用的玻璃容器先放入冰箱冷凍，能讓挖出的冰淇淋球盡量保持低溫，不會太快融化。

· 這個配方僅使用四款材料，試著把草莓替換成其它水果，創造不同口味的純植物水果冰淇淋吧！

Chapter 5

Vegan Tart & Pie

純植物・塔與派

法國，一個濃厚奶油充斥的城市，是甜點的起點也是終點。

說起法國，不得不談起他們最著名的甜塔與鹹派，層次豐富的堆疊，從塔皮到內餡、再到表面上樸實抑或華麗的巧妙多變，皆足以讓人心神蕩漾目不轉睛～我想，在成為一個純植物飲食的奉行者之後，最無法割捨的應該就是那有如藝術品的甜點殿堂，如何重新找到那扇門？靠的應該就是無法停止的想念吧。

純植物基礎塔皮

利用「椰子油」&「黑糖」增加風味

這款塔皮成分簡單，特意使用椰子油和黑糖提升香氣，成品酥香脆口，非常適合延伸作為各式小塔的基底，搭配不同內餡食用。

製作分量

Ø 7 ㎝圓塔 5 個 or
10 ㎝船型塔 5 個

烤箱預熱

上火 170℃／下火 170℃

Ingredients

a
葵花油 38 g
有機冷壓椰子油 12 g

b
水 25 g
有機糖粉 12 g
有機黑糖粉 12 g
海鹽 1/8 t

c
無漂白低筋麵粉 150 g

Step By Step

1. **a** 料葵花油＋常溫的液態椰子油拌勻；**b** 料攪拌至糖粉融化，備用。
2. 步驟 1 的 **a** 料＋ **b** 料，放入攪拌缸，以打蛋器由中心往同方向畫圓攪打，至油水乳化均勻，倒入已過篩的低筋麵粉，用橡皮刮刀拌合至無粉粒狀、成團。
3. 烘焙紙上撒些麵粉，放上步驟 2 塔皮麵團，上方再蓋一張烘焙紙，將麵團稍微壓扁，以桿麵棍擀成厚度約 0.3 ㎝的塔皮。
4. 圓塔模：取直徑大於圓塔模約 1.5 ㎝的中空模，壓出圓形塔皮；葉型模：將船型模輕蓋在擀平的塔皮上，用刀尖沿塔模外約 1.5 ㎝寬，切出棱形塔皮。
5. 將切割好的塔皮從烘焙紙上翻至手掌上，置中放入塔模，用手輕輕壓入塔模，並將塔皮貼緊塔模邊緣，以刮刀切除邊緣多餘塔皮，底部用叉子平均戳出些許氣孔，即可移入冰箱冷凍至塔皮變硬。
6. 取出冰硬的塔皮，上方鋪一張充分揉皺後攤開的烘焙紙，其上放入烘焙重石（or 黃豆、紅豆），防止烘烤過程塔皮底部過度膨脹變形。
7. 放入烤箱，以上火 170℃／下火 170℃烘烤 25 分鐘→開爐，提起烘焙紙、連同烘焙重石一併取出→再次放入烤箱，繼續烘烤 6 分鐘→至表面呈現金黃色→出爐，稍微降溫至不燙手時，即可脫模冷卻備用。

Point

· 這裡使用的糖粉是以有機糖直接用處理機打成細粉狀，比起市售白糖製作的糖粉，多了甘蔗香甜的氣息。

· 塔皮一次可多做一些，將烤好的塔皮放入密封盒約可保存一星期，想吃的時候，只要擠上卡士達醬，放上喜歡的水果，就是快速又美味的療癒甜點囉！

白葡萄檸檬塔

以「檸檬卡士達」襯托清甜果香

曾到訪日本一家專賣水果塔的名店，點心櫃裡色彩繽紛的各式水果塔中，最吸引我的是一款上面只有綠色葡萄的水果塔，看起來單純素雅，透著微微的綠光，美麗自成一格。在這裡，我使用加了大量檸檬汁的卡士達，襯托清甜軟脆的白葡萄，是一款清爽又很有存在感的獨特水果塔。

製作分量

5 個

烤箱預熱

上火 170℃／下火 170℃

Ingredients

＊烤熟的船型塔 5 個－見 P.122
白葡萄（or 綠葡萄） 1 串
無毒菊花瓣 少許

檸檬卡士達

a

顆粒狀卵磷脂 5 g

水 22 g

b

有機無糖豆漿 100 g

有機砂糖 44g

檸檬汁 44 g

白色非基改玉米粉 10 g

吉利 T 粉 2.5 g

薑黃粉 1/8 t

c

無漂白低筋麵粉 5 g

d

葵花油 12 g

冷壓椰子油 10g

e

檸檬皮 約 1/2 顆量

Step By Step

檸檬卡士達

1. **a** 料倒入容器中混合，加蓋靜置 20 分鐘至卵磷脂軟化，倒入食物調理機，加入 **b** 料，攪打均勻，備用。

2. **c** 料＋ **d** 料一起放入另一鍋中，以打蛋器攪拌均勻後，再與步驟 1 混合均勻，移至爐上，以中小火邊攪拌邊加熱，煮至約沸騰冒泡、呈濃稠狀，立即離火。

3. 立刻在卡士達醬表面緊貼保鮮膜，避免表面乾燥硬化，在室溫下冷卻後移入冰箱冷藏，使用前將檸檬皮刨入卡士達醬中並攪拌均勻，填入擠花袋中，備用。

組合

4. 白葡萄洗淨並瀝乾水分，切圓片，備用。

5. 取步驟 3 檸檬卡士達醬，以圓點狀擠在烤熟的船型塔中→擺上白葡萄圓片→以少許無毒菊花瓣裝飾即可。

芒果卡士達塔

夏日限定「雙醬」芒果塔

芒果是我自己很愛的一款水果，常常拿來搭配甜點，雖然它本身的口感和滋味就已經是一款非常出色的甜品。在這裡我以它來當主角，杏仁乃油、濃厚的腰果卡士達及香脆的塔皮為配角，襯托出夏日芒果的香滑與甜蜜。

製作分量

5 個

烤箱預熱

上火 170℃／下火 170℃

Ingredients

* 烤熟的圓塔 5 個－見 P.122
愛文芒果 中型 3 顆
熟杏仁角 適量
* 自製鏡面果膠 適量－見 P.132
新鮮香草 少許

芒果杏仁乃油餡

a
顆粒狀卵磷脂 1/2 又 1/4 t
水 15 g
b
蒸熟地瓜泥 35 g
有機冷壓椰子油 10 g
葵花油 10 g
杏仁粉 25 g
無漂白低筋麵粉 4 g
有機糖粉 12 g
香草醬 2 g
c
糖漬芒果乾 15 g
青提子 15 g

腰果卡士達

a
有機冷壓椰子油 18 g
無漂白低筋麵粉 18 g
b
有機無糖豆漿 140 g
已泡發腰果 35 g
有機砂糖 20 g
香草醬 2 g
洋菜粉 1 g

Step By Step

芒果杏仁乃油餡

1. **c** 料切成小丁後，用少許糖水或蘭姆酒浸泡漬軟，備用。
2. **a** 料常溫的水＋卵磷脂混合後加蓋靜置 20 分鐘待卵磷脂軟化，用打蛋器打至黏稠如蛋液狀，備用。
3. **b** 料放入食物調理機打至細滑無顆粒狀，再加入步驟 2 的 **a** 料，繼續攪打拌勻後倒出，拌入步驟 1 的 **c** 料，完成芒果杏仁乃油餡。

腰果卡士達

4. **a** 料常溫的液態椰子油＋低筋麵粉倒入鍋中，用打蛋器攪拌至無乾粉、滑順狀。
5. **b** 料放入食物調理機打至細滑無顆粒狀，倒回步驟 4 的 **a** 料鍋中，再次以打蛋器攪打均勻，移至爐上，以中小火邊攪拌邊加熱，煮至冒泡呈濃稠狀，立即離火。
6. 在腰果卡士達表面緊貼保鮮膜，避免表面乾燥硬化，室溫下冷卻後移入冰箱冷藏（＊前一天煮好，隔天使用風味較佳），備用。

組合

7. 烤熟的圓塔填入約 1/2 塔皮高度的芒果杏仁奶油餡，放入烤箱，以上火 170℃／下火 170℃烘烤 15 分鐘→出爐→冷卻備用。

8. 將腰果卡士達醬裝入擠花袋中，擠在步驟 7 冷卻的圓塔中，備用。

9. 芒果去皮，以刀片出兩側果肉→橫向切成薄片狀→用手將芒果薄片推開、延展成長條形排列→並從前端捲起成花形。

10. 以平面刮刀鏟起步驟 9 芒果花→放在步驟 8 圓塔上→上方塗少許自製鏡面果膠→芒果花中心以香草裝飾→塔皮邊緣點綴熟杏仁角即可。

自製鏡面果膠

在甜點的水果上刷鏡面果膠，除了增加誘人光澤，也有保濕作用，兼具視覺美感和實用效果，自己做成分單純又安心！

Ingredients

吉利 T 粉 1 t ｜有機砂糖 1 T
水 60 g ｜檸檬汁 1 t

Step By Step

❶ 吉利 T 粉＋砂糖拌勻，倒入水，以小火煮至砂糖融化，再加入檸檬汁拌勻，熄火，靜置降溫。

❷ 倒入已消毒的玻璃罐中，密封，移入冰箱冷藏備用，使用前取所需分量加熱回溫至液態即可。

草莓巧克力塔

巧克力「豆漿」甘納許

草莓季到的時候，最喜歡用將草莓裹上融化的黑巧克力，單純的組合，口味卻非常華麗誘人。這款小塔刻意將這兩種不敗的食材搭配在一起，以「豆漿」取代鮮奶油製作甘納許，羅勒草莓果醬作為夾餡，讓巧克力與草莓的經典組合變得與眾不同，風味更加提升與融合！

製作分量

5 個

Ingredients

* 烤熟的圓塔 5 個
－見 P.122
新鮮草莓 5 顆
防潮可可粉 適量
乾燥草莓碎粒 少許

巧克力甘納許

有機無糖豆漿 80 g
葵花油 30 g
香草醬 2g
72% 苦甜巧克力豆 88 g
草莓果醬 30g

羅勒草莓果醬

新鮮草莓 100 g
有機砂糖 25 g
吉利 T 粉 3 g
檸檬汁 1 t
新鮮羅勒葉 2 t －切末

Step By Step

巧克力甘納許

1. 豆漿＋葵花油＋香草醬一起倒入鍋中，以中小火加熱至 55℃，離火，加入苦甜巧克力豆，在鍋子下放隔熱墊並蓋上蓋子保溫，靜置約 7 分鐘。
2. 待苦甜巧克力豆融化，以橡皮刮刀攪拌均勻，再加入草莓果醬攪拌均勻，填入擠花袋，備用。

羅勒草莓果醬

3. 草莓放入鍋中，搗碎，加入已先拌勻的砂糖＋吉利 T 粉，快速拌勻，以中小火加熱至冒泡沸騰，倒入檸檬汁，邊攪拌邊煮至收汁、具濃稠感，起鍋放涼，加入切碎的羅勒葉末，拌勻備用。

組合

4. 取步驟 2 巧克力甘納許，填入烤熟圓塔內 1/2 高的量→填入 2 t 羅勒草莓果醬當夾餡→再次填滿巧克力甘納許→移入冰箱冷藏至凝固。
5. 取出凝固的草莓巧克力塔→表面遮蓋 3/4 →撒防潮可可粉→草莓切成 1/4 角狀，裝飾於未撒可可粉的區域→再擠幾朵巧克力甘納許擠花→以乾燥草莓碎粒裝飾即可。

伯爵洋梨甜塔

純植物杏仁「乃」餡

這款經典法式洋梨塔，餡料不是柔軟的卡士達，而是以「南瓜泥」、「豆漿」取代奶油與雞蛋，製作口感較為紮實的純植物杏仁「乃」餡，並添入伯爵茶增加風味。香酥的塔皮也是亮點之一。搭配水果可依喜好替換，不論蘋果、桃子、櫻桃或是罐頭水果、糖漬水果都很適合！

製作分量
Ø 18 cm菊花派盤／1 個

烤箱預熱
上火 170℃／下火 170℃

Ingredients

塔皮

a
無漂白低筋麵粉 150 g
杏仁粉 20 g

b
顆粒狀卵磷脂 8 g
有機無糖豆漿 15 g
水 15 g

c
有機砂糖 20 g
有機黑糖 10 g
海鹽 1/4 t

d
葵花油 40 g
有機冷壓椰子油 20 g

伯爵杏仁乃餡

a
無漂白低筋麵粉 42 g
杏仁粉 42 g
伯爵茶末 1 包
無鋁泡打粉 1/2 t

b
蒸熟南瓜 40 g
有機無糖豆漿 60 g
有機砂糖 35 g
海藻糖 8 g
香草醬 2 g

c
葵花油 30 g

糖漬洋梨
西洋梨 3 顆
有機砂糖 400 g
水 1300 g
檸檬皮 1/2 顆量

裝飾
* 自製鏡面果膠 適量－見 P.132

Step By Step

塔皮

1. **a** 料混合過篩，攪拌均勻；**b** 料混合靜置 30 分鐘，浸泡至卵磷脂軟化，攪拌至無顆粒狀；**c** 料倒入食物調理機，攪打成細緻的糖粉；**d** 料葵花油＋常溫的液態椰子油拌勻，備用。

2. 將步驟 1 的 **b** 料＋ **c** 料混合，以打蛋器攪打至糖融化，加入 **d** 料，以同方向畫圓攪打至油水乳化均勻，倒入 **a** 料，改用橡皮刮刀拌合至無乾粉粒，成團備用。

3. 將步驟 2 麵團放入烤模中心，用手掌將麵團稍微壓扁，再用手指邊推邊輕壓，讓麵團均勻鋪滿整個烤模內側，再以桿麵棍在派盤邊緣滾壓，去除多餘塔皮，底部用叉子平均戳出些許氣孔，移入冰箱冷凍至塔皮變硬。

4. 取出冰硬的塔皮，上方鋪一張揉皺後攤開的烘焙紙，放入烘焙重石（or 黃豆、紅豆），防止烘烤過程塔皮底部過度膨脹變形。

5. 放入烤箱，以上火 170℃／下火 170℃烘烤 25 分鐘→開爐，提起烘焙紙和連同烘焙重石一併取出→再次放入烤箱，繼續烘烤 10 分鐘→至表面呈現金黃色→出爐→冷卻備用（＊放涼後可放入密封盒，常溫保存 5 ～ 7 天）。

伯爵杏仁乃餡

6. **a** 料混合過篩，攪拌均勻，備用。

7. **b** 料放入食物調理機，攪打至南瓜細緻，加入 **c** 料攪打均勻，倒入步驟 6 乾粉中，用橡皮刮刀由中心往同方向劃圓，攪拌至無粉粒狀，備用。

糖漬洋梨

8. 洋梨去皮、剖半，以湯匙挖除果核，備用。

9. 砂糖＋水倒入鍋中混合，以中火加熱，待糖水微滾即放入步驟 8 洋梨及檸檬皮(避開白色層)，以中小火煮至洋梨微軟，熄火，撈出洋梨，放涼備用。

組合

10. 在步驟 5 烤熟的派塔填入約 1/2 塔皮高度的伯爵杏仁乃餡，以刮刀整平→步驟 9 糖漬洋梨橫切成均勻的薄片→維持半片的原狀鏟起，擺在填好伯爵杏仁乃餡的塔派上→輕推洋梨薄片，使每一片薄片略為傾斜。

11. 放入烤箱，以上火 180℃／下火 180℃烘烤 35 分鐘，至杏仁乃餡呈金黃色→出爐→脫模→靜置冷卻→在洋梨上塗少許自製鏡面果膠，保持洋梨的水分即可。

法式李子派

地瓜杏仁「ㄋ」餡

這是一款想做就做、不需烤模的歐風手捏派！糖漬李子讓水果的酸甜更加平衡，搭配獨創的地瓜杏仁乃醬，以「地瓜泥和椰子油」替代奶油，降低油脂比例，杏仁味更香醇且不膩口，是稱職的最佳配角！糖漬李子烘烤時會泌出糖汁與內餡融合，搭配香酥的派皮口感迷人～冰涼後享用，品嚐起來更有一股令人驚艷的高雅韻味。

製作分量

Ø 22 cm／1 個

烤箱預熱

上火 180℃／下火 180℃

Ingredients

派皮

a

無漂白低筋麵粉 150 g

杏仁粉 20 g

b

顆粒狀卵磷脂 8 g

有機無糖豆漿 15 g

水 15 g

c

有機砂糖 20 g

有機黑糖 10 g

鹽 1/4 t

d

葵花油 40 g

有機冷壓椰子油 20 g

地瓜杏仁乃餡

a

顆粒狀卵磷脂 1 又 1/4 t

水 25g

b

蒸熟地瓜泥 60 g

杏仁粉 42 g

低筋麵粉 7 g

有機糖粉 20 g

香草醬 2 g

葵花油 25 g

有機椰子油 10 g

糖漬紅肉李

紅肉李子 2 ～ 3 顆－切瓣

有機砂糖 200 g

水 200 g

裝飾

* 自製鏡面果膠 適量－見 P.132

糖粉 適量

地瓜杏仁乃餡

1. a 料常溫的水＋卵磷脂混合後加蓋靜置 20 分鐘至卵磷脂軟化，用打蛋器打至呈黏稠如蛋液狀，備用。

2. b 料放入食物調理機打至細滑無顆粒狀，加入步驟 1 的 a 料，繼續攪打拌勻，完成地瓜杏仁乃餡，備用。

糖漬紅肉李

3. 砂糖＋水倒入鍋中混合，以中火加熱，待糖水微滾即放入紅肉李果肉瓣，以中小火煮 3 分鐘，至洋梨微軟，熄火，撈出紅肉李，放涼備用。

派皮

4. a 料混合過篩，攪拌均勻；b 料混合靜置 30 分鐘，浸泡至卵磷脂軟化，攪拌至無顆粒狀；c 料倒入食物調理機，攪打成細緻的糖粉末；d 料葵花油＋常溫的液態椰子油拌勻，備用。

5. 將步驟 4 的 b 料＋ c 料混合，以打蛋器攪打至糖融化，加入 d 料，以同方向畫圓攪打至油水乳化均勻，倒入 a 料，改用橡皮刮刀拌合至無乾粉粒，成團。

組合

6. 烘焙紙上撒些麵粉，放上步驟 5 派皮麵團，上方再蓋一張烘焙紙，將麵團稍微壓扁，以桿麵棍擀成厚度約 0.4 ㎝的圓片狀。

7. 揭開上方烘焙紙，在派皮中央鋪上地瓜杏仁乃餡 180g，稍微推開鋪平，上方擺上糖漬紅肉李，以底部烘焙紙輔助，將派皮邊緣依序往內包折成圓形碟狀。

8. 放入烤箱，以上火 180℃／下火 180℃烘烤 30 ～ 35 分鐘→至派皮呈金黃色→出爐→冷卻→在李子果肉上塗自製鏡面呆膠→食用前在派皮邊緣撒上糖粉裝飾即可。

肉桂地瓜酥派

利用「白葡萄酒」、「肉桂」提升風味

這款樸實美好的手工派，是參考來自西班牙的古老食譜修改而來，為早期修道院的修女們聖誕節的手作點心，以西班牙當地盛產的冷壓橄欖油及白葡萄酒來製作，內餡使用地瓜與肉桂，食材簡單，但成品意外的美味，不愧是一道連修女也瘋狂愛上的甜點喔！

製作分量
5 個

烤箱預熱
上火 180℃／下火 180℃

Ingredients

派皮
a
無漂白低筋麵粉 140 g
b
有機冷壓橄欖油 50 g
有機砂糖 12 g
c
不甜的白酒 30 g
檸檬 1/4 顆－刨皮屑
肉桂粉 少許

肉桂地瓜餡
地瓜 200 g
有機砂糖 50 g
檸檬皮 1/4 顆
肉桂棒 1 支
水 200 g

裝飾
糖粉 適量

Step By Step

肉桂地瓜餡

1. 地瓜洗淨，帶皮切成 2 cm的塊狀，泡在水中浸泡 30 分鐘～1 小時，瀝乾，放入鍋中，倒入淹過地瓜高度的水，將地瓜煮至軟棉，瀝水後去除地瓜皮，壓成泥。
2. 檸檬以刨皮器刨出長條狀檸檬皮，不要刨到白色內膜部分，否則會有苦味。
3. 所有材料放入鍋中煮至沸騰，轉小火煮約 30 分鐘，待質地呈濃稠狀時取出檸檬皮和肉桂棒，繼續邊煮邊攪拌，煮至地瓜泥更為濃厚，熄火，冷卻備用。

派皮

4. a 料過篩，備用。
5. b 料倒入平底鍋，以小火加熱至砂糖融解，離火，加入 c 料，攪拌均勻，分次慢慢加入低筋麵粉，拌合成團，於室溫鬆弛靜置發酵 30 分鐘。

組合

6. 烘焙紙上撒些麵粉，放上醒好的派皮麵團，上方再蓋一張烘焙紙，將麵團稍微壓扁，以桿麵棍擀成厚度約 0.3 cm的片狀，以 12 cm的中空圓模壓出圓片。
7. 於圓派皮中間放上適量肉桂地瓜餡→對折→邊緣以叉子壓合→整齊排在烤盤上。
8. 放入烤箱，以上火 180℃／下火 180℃烘烤 20～22 分鐘→至派皮呈金黃色→出爐→冷卻→食用前撒上糖粉裝飾即可。

法式田園鹹派

利用「板豆腐」製作旦乃醬

傳統法式鹹派是以大量雞蛋和鮮奶油混合的蛋奶醬為基底，再配上不同風味的配料。但在這裡，我運用想像，巧妙地使用中式板豆腐替代蛋奶醬，成品具有滑嫩的口感，滋味同樣濃厚，卻少了動物性成分裡大量油脂所帶給身體的負擔，不禁讓人讚嘆豆腐的萬用魅力！

製作分量
6 吋菊花派盤／2 個

烤箱預熱
上火 160℃／下火 160℃

Ingredients
鹹派皮
a
無漂白低筋麵粉 154 g
半全麥粉 136 g
有機砂糖 48 g
海鹽 2 g
乾燥巴西里葉 1 t
b
有機冷壓椰子油 44 g
葵花油 24 g
c
顆粒狀卵磷脂 2 t
有機無糖豆漿 80 g
d
＊植物旦液 適量
有機冷壓橄欖油 適量

炒料
有機冷壓橄欖油 1.5 T
馬鈴薯 70 g －切 1 ㎝丁
鮮香菇 100 g －切 1 ㎝丁
去籽黑橄欖 30 g －切圓片
義大利綜合香料 1/2 t
黑鹽 1/4 t
粗粒黑胡椒粉 1/8 t
巴薩米可醋 2 t

菠菜旦乃餡
a
有機板豆腐 220 g
非基改玉米粉 6 g
味噌醬 7 g
蘋果醋 7 g
有機砂糖 1/4 t + 1/8 t
黑鹽 1/4 t
薑黃粉 1/8 t
有機冷壓椰子油 10 g
b
燙熟菠菜 30g

植物旦液

Ingredients
有機無糖豆漿 24 g ｜ 有機砂糖 1 t
顆粒狀卵磷脂 1/2 t

Step By Step
材料混合靜置 20 分鐘，浸泡至卵磷脂軟化，攪拌至無顆粒狀即可。

鹹派皮

1. 將 **a** 料乾燥巴西里外的材料混合過篩，再加入乾燥巴西里拌勻；**b** 料常溫的液態椰子油＋葵花油拌勻；**c** 料混合靜置 30 分鐘，浸泡至卵磷脂軟化，以打蛋器攪打至無顆粒狀，備用。

2. 將步驟 1 的 **b** 料倒入 **a** 料混合，以橡皮刮刀拌勻，加入 **c** 料，將麵團折疊揉合，讓麵團均勻吸收豆漿液體，成團後密封，放入冰箱冷藏鬆弛 30 分鐘，取出麵團均分成 2 份（另一份先冷藏備用）。

3. 烘焙紙上撒些麵粉，放上步驟 2 麵團，上方再蓋一張烘焙紙，以桿麵棍擀成厚度約 0.5 cm 的圓片狀，置中放入派盤．輕壓貼緊烤模內壁，以刮刀切除多餘派皮，底部用叉子平均戳出些許氣孔，移入冰箱冷凍至派皮變硬。

4. 取出冰硬的塔皮，上方鋪一張揉皺後攤開的烘焙紙，放入烘焙重石（or 黃豆、紅豆），防止烘烤過程派皮底部過度膨脹變形。

5. 放入烤箱，以上火 160℃／下火 160℃ 烘烤 20 分鐘→開爐，提起烘焙紙和連同烘焙重石一併取出→表面刷一層植物旦液→再次放入烤箱，繼續烘烤 10 分鐘→至表面呈現金黃色→出爐→備用。

炒料

6. 橄欖油倒入平底鍋中，以中火熱鍋→放入馬鈴薯丁炒至表面微黃即撈起備用→鍋中放入鮮香菇丁拌炒至表面微黃→加入黑橄欖片、義大利綜合香料、黑胡椒及黑鹽拌炒→待食材香味釋出時，將馬鈴薯丁倒回鍋中拌炒均勻→加入巴薩米可醋拌炒提味→起鍋，放涼備用。

菠菜旦乃餡

7. 菠菜以滾水汆燙，燙軟馬上撈起放入冷水降溫，擠乾水分後切小段，備用。

8. 板豆腐擠除水分，與其它 **a** 料一起放入食物調理機中，攪打至質地細緻，倒出後加入 20 g 步驟 7 菠菜拌勻，備用。

組合

9. 取 30 g 菠菜旦乃醬填入派皮底部，以刮刀抹平→均勻鋪上炒料→再覆蓋一層菠菜旦乃醬→抹平→表面隨意放上炒料裝飾。

10. 放入烤箱，以上火 180℃／下火 180℃ 烘烤約 28 ～ 30 分鐘→出爐→表面塗上一層薄薄的橄欖油→靜置冷卻→脫模即可。

Point

・使用黑鹽，可以讓豆腐做成的旦乃醬巧妙地帶有雞蛋的錯覺！
・鹹派在食用前建議以烤箱回烤，熱熱的吃會更加美味！

Chapter 6

Vegan Biscuit

純植物・風味餅乾

純植物餅乾因為必須去除大量的動物性奶油，我的作法是：❶「提高核果的比例」及 ❷「運用冷壓椰子油的香甜味」來替補奶油的厚度，風味上 ❸「多利用不同植物本身的香氣」，如茴香、咖啡、茶、花椒、肉桂、胡椒……更可讓餅乾發揮自己獨特的個性，成本雖然增加很多，但能得到客人的喜愛及回購，結果仍然非常值得。

在我們店裡，除了純植物旦糕，「餅乾」是擁有最多粉絲的品項，一般市面上的喜餅與禮盒裡都少不了以餅乾為搭配主角，主要是它較方便保存及寄送，而送禮採用純手工製作的餅乾，讓收到禮盒的親友吃起來就是別有一種無法取代的人情味。烘焙上也最容易上手，首先，就讓我們進入純植物風味餅乾的世界吧！

伯爵杏仁餅乾

用「豆漿＋卵磷脂＋太白粉」取代雞蛋

此配方重點是以「豆漿、卵磷脂、太白粉」混合的濕料來替代雞蛋，利用植物性的蛋白質及卵磷脂，減少膽固醇的攝取，吃起來更加健康無負擔！

此餅乾麵團適合冷凍保存，一來方便切片的時候定型，二來，遇到臨時朋友來家裡作客，只要取出切片，即可隨時烤焙，配上一壺花園裡現摘的花草茶，就是簡簡單單卻能讓心花盛開的完美下午茶。

製作分量
約 40～50 片

烤箱預熱
上火 180℃／下火 150℃

Ingredients

a
無漂白低筋麵粉 200 g
杏仁粉 80 g
有機細糖 100 g
伯爵茶包 5 包
鹽 1/4 t

b
有機無糖豆漿 50 g
顆粒狀卵磷脂 3 又 1/4 t
有機砂糖 18 g
太白粉 10 g
香草醬 2 g

c
有機冷壓椰子油 60 g
葵花油 65 g

d
杏仁角 150 g

e
有機無糖豆漿 24 g
有機砂糖 1 t
顆粒狀卵磷脂 1/2 t

Step By Step

1. **e** 料攪拌均勻，靜置約 20 分鐘，浸泡至卵磷脂軟化，再次攪拌至無顆粒狀，此即植物旦液，備用。

2. **b** 料無糖豆漿加熱至常溫或微溫，放入卵磷脂稍作攪拌，蓋上蓋子，靜置約 20 分鐘，待卵磷脂軟化，加入砂糖、太白粉及香草醬，以打蛋器攪打至卵磷脂和糖皆融化，質地呈濃稠如蛋液般，備用。

3. **a** 料乾粉類混合過篩（＊伯爵茶包剪開取茶葉末），攪拌均勻，備用。

4. **c** 料拌勻，加入步驟 2 的 **b** 料，以打蛋器混合均勻，再加入步驟 3 的 **a** 料，改用橡皮刮刀將兩者混合至無乾粉狀。

5. 將麵團均分成 2 份，放在烘焙紙上，整形滾圓成直徑 3 cm × 長約 27 cm的圓柱狀。

6. 表面刷上步驟 1 植物旦液，滾上 **d** 料杏仁角，以烘焙紙捲起，再用透明塑膠片包捲，兩邊以橡皮筋綑綁，放入冷凍定型。

7. 待麵團冰硬，取出切成約 1 cm的厚片狀，整齊排列至烤盤上→以上火 180℃／下火 150℃，先烤 25 分鐘→開爐，烤盤轉向→續烤約 8 分鐘→出爐放涼→以密封罐保存即可。

Point
每台烤箱溫度會有差異，盡量多觀察，以微調適當的溫度和時間。

義式脆餅

以「南瓜」取代雞蛋；「椰子油」取代奶油

義大利語稱為 Biscotti，英譯為 Twice，意指重複兩次烘烤。烤到失去水分後口感雖偏硬，卻帶有濃厚餅乾香氣！義大利人習慣拿它來搭配黑咖啡，吃之前沾一下咖啡，讓紮實的餅乾品嚐起來更具層次且風味精彩。

我使用「南瓜取代雞蛋」，並以「冷壓椰子油取代奶油的香氣」，「混合蔓越莓乾及開心果的雙重口感」，就算少了咖啡也會忍不住讚嘆那愈是咀嚼愈是勾魂的醇厚滋味！

製作分量

約 50 ～ 56 片

烤箱預熱

上火 180℃／下火 150℃

Ingredients

a

無漂白低筋麵粉 260 g

杏仁粉 60 g

肉桂粉 1/4 t

無鋁泡打粉 1 t

b

蒸熟南瓜 100 g

有機無糖豆漿 100 g

有機冷壓椰子油 40 g

有機砂糖 100 g

c

去殼開心果 60 g

蔓越莓乾 80 g

Step By Step

1. **a** 料乾粉類混合過篩，確實攪拌均勻，備用。
2. **b** 料蒸熟南瓜＋無糖豆漿（＊豆漿切勿太冰，會影響與椰子油的乳化），以均質機打成泥，加入常溫的液態椰子油和有機砂糖，以打蛋器攪打至乳化均勻。
3. 將步驟 2 倒入步驟 1 內，以橡皮刮刀拌合至無粉粒狀，加入所有 **c** 料，繼續拌至果乾及核果均勻分佈，均分成兩團。
4. 取步驟 3 麵團，放置於已撒好手粉的烤盤上，以手直接整形成長 27 cm × 寬 8 cm × 高 1.5 cm的扁柱狀。
5. 第一階段：以上火 180℃／下火 150℃ 烤約 32 分鐘→取出，於室溫下降溫至麵團變硬→以麵包刀切成約 1 cm的厚片→整齊排列鋪在烤盤上。
6. 第二階段：爐溫調降至上火 170℃／下火 140℃，放入步驟 5 切好的麵團烤焙約 15 分鐘→開爐，將每片餅乾翻面→將烤盤轉向→續烤約 15 分鐘→烤至餅乾表面金黃硬脆，出爐放涼→以密封罐保存即可。

Point

步驟 6 第二階段要注意烤箱溫度及受熱均勻的問題，過程中多查看餅乾上色度，並以低溫慢烤方式調整烘烤時間，確保餅乾確實烤去水分且色澤美麗。

高纖燕麥水果餅乾

營養與美味的完美合體

這款燕麥餅乾是我剛成為 Vegan 時常常烤來作為點心的一道餅乾，材料及手法都非常簡單，成分也很天然健康，富含大量纖維質，並用有機黑糖及天然果乾調整甜度，即使是睡前肚子餓，來上一塊也不會有罪惡感。

雖然每次烤完都想留著慢慢吃，但總是很快就見底，想要只吃一塊？答案是⋯⋯絕對不可能的～

製作分量

約 24 片／∅4 cm

烤箱預熱

上火 150℃／下火 150℃

Ingredients

a

有機燕麥 100 g

有機全麥麵粉 45 g

肉桂粉 1/2 t

椰子粉 45 g

杏仁片 30 g

海鹽 1/8 t

b

有機無糖豆漿 40 g

有機黑糖 45 g

c

有機冷壓椰子油 40 g

d

綜合果乾 45 g

Step By Step

1. **d** 料果乾切成丁，備用。
2. **a** 料確實混合均勻，備用。
3. **b** 料混合攪拌至黑糖融化，加入 **c** 料攪拌至乳化，倒入步驟 2 的 **a** 料中，攪拌均勻，加入步驟 1 綜合果乾丁，繼續拌至均勻成團。
4. 以冰淇淋挖勺或湯匙挖取步驟 3 麵團，將麵團置於手掌中壓扁，放在已鋪烤焙紙的烤盤上。
5. 以上火 150℃／下火 150℃烘烤 30 分鐘→開爐，將烤盤轉向→將烤箱溫度調降為上火 120℃／下火 120℃，再烤 20 分鐘→出爐放涼→以密封罐保存即可。

Point

・示範中的 **d** 料綜合果乾使用了葡萄乾、蔓越梅乾及糖漬橙皮，讀者可購買市售小包裝的綜合果乾，使用方便又能變化各種風味。

・烘焙時間可依餅乾厚度、大小來調整。

造型薑餅

「糖＋植物油脂」拌勻乳化，穩定麵團質地

這款純植物餅乾配方材料簡單，重點是將有機黑糖和植物油脂乳化，增加麵團穩定性，比較不會在製作時油水分離，風味上藉著台灣老薑母粉、肉桂粉、杏仁粉來提升風味，讓烤焙後的餅乾香氣更為厚實飽滿～

亞洲人習慣用薑入菜暖身，其實西方人製作甜點時也常用薑和肉桂增添冬季氣息，最具代表性的就是聖誕節必備的薑餅，透過與家人朋友分享薑餅，也傳達心中暖暖的祝福。

製作分量

約 10 片／Ø8 ㎝

烤箱預熱

上火 160℃／下火 160℃

Ingredients

a

無漂白低筋麵粉 200 g

太白粉 20 g

杏仁粉 40 g

無鋁泡打粉 1/4 t

有機薑母粉 1 又 1/2 t

有機肉桂粉 1/2 又 1/8 t

b

＊自製糖漿 130 g

葵花油 60 g

c

防潮糖粉 適量

Step By Step

1. **a** 料乾粉類混合過篩，攪拌均勻，備用。
2. **b** 料確實混合，以打蛋器攪打至油水乳化均勻。
3. 將步驟 2 乳化的濕料倒入步驟 1 乾料中，以橡皮刮刀拌合均勻至無粉粒、成團。
4. 桌上鋪烤焙紙，將步驟 3 麵團整形成圓團狀，放於烤焙紙上，以手掌稍微壓扁，再於麵團上鋪第二張烤焙紙，以桿麵棍將麵團推擀成厚度約 0.4 ㎝的片狀。
5. 取喜歡的餅乾模壓出形狀，挑掉模外的麵團，連同烤焙紙將成型的麵團放入冰箱冷凍定型（＊此配方麵團偏軟，壓形後冷凍可幫助定型，移至烤盤不變形，烤出來的形狀也比較工整完美）；剩餘麵團重複上述作法製作完畢。
6. 麵團冰硬後取出，逐一排列在烤盤上→以上火 160℃／下火 160℃烘烤 25 分鐘→開爐，將烤盤轉向→續烤約 10 分鐘→出爐，冷卻後撒上象徵冬季雪花的防潮糖粉，即是深具心意的溫馨佳節禮物。

自製糖漿

Ingredients

有機黑糖 100 g ｜ 水 60 g

鹽 1/2 t

Step By Step

材料混合攪拌至黑糖完全融化（＊必要時可以微火邊加熱邊攪拌），熄火靜置冷卻即可。

花生杏仁餅乾

「花生醬取代部分油脂」，堆疊核果香氣

在製作純植物甜點的路上，我體會到一件重要的事情，那就是——與其依賴他人的純素食譜，我更建議直接參考傳統的甜點配方，細心拆解其中油脂、水分、糖分、澱粉的比例，深入理解成分比例所造成的變化與結果，再把原本的動物性成分大膽假設替代的植物性食材，這款餅乾正是參照傳統餅乾食譜改良而來。

比如說，這裡我用了純的花生醬取代 1/2 的油脂，讓整體香氣更加飽滿，相信你也可以發揮研究的精神，賦予書架上的舊食譜們全新的價值！

製作分量

約 50 顆／∅3～4 cm

烤箱預熱

上火 160℃／下火 160℃

Ingredients

a
顆粒狀卵磷脂 7 g
水 32 g

b
有機砂糖 70 g

c
有機冷壓椰子油 42 g
純花生醬 40 g

d
無漂白低筋麵粉 90 g
熟黃豆粉 20 g
無鋁泡打粉 1/4 t
有機薑母粉 1/8 t
研磨咖啡粉 1/4 t

e
有機無糖豆漿 20 g

f
帶皮杏仁粒 50 顆

Step By Step

1. **a** 料在小碗中混合，蓋上蓋子，靜置 20 分鐘，浸泡至卵磷脂徹底軟化。

2. **d** 料混合過篩，攪拌均勻備用；**c** 料以打蛋器攪打均勻備用；**e** 料的豆漿若太冰則需稍微加熱回溫至微溫備用（＊豆漿太冰會讓麵團質地較粗）。

3. 步驟 1 的卵磷脂軟化後，以打蛋器打至呈蛋液般的濃稠狀，加入 **b** 料，繼續攪打至糖確實融化，再加入 **c** 料繼續攪打至乳化均勻。

4. 將步驟 3 濕料倒入 **d** 料中，以橡皮刮刀拌合均勻至無粉粒，將無糖豆漿倒入拌合至豆漿被麵團完整吸收。

5. 將步驟 4 已拌勻的麵團填入裝好圓形花嘴的擠花袋中，將麵糊逐一整齊地擠在烤盤上，在每個麵團上放上事先烤熟的整顆帶皮杏仁。

6. 以上火 160℃／下火 160℃烤約 20 分鐘→開爐，將烤盤轉向→續烤約 10 分鐘→出爐放涼→以密封盒保存即可。

Point

生的帶皮杏仁粒烘烤前，可先沾裹糖水（糖：水＝1：1），再放入烤箱以 160℃烘烤 10 分鐘，讓堅果包覆一層糖衣，增添光澤與風味。

鹽之花香草薄餅

善用「香草」增添風味

我很愛香草植物，陽台總是要有幾盆不同香氣的香草，常常在充滿陽光早晨醒來，第一件事就是開窗，伸手觸摸香草植物的葉片，再將沾染上香氣的手指停在鼻尖，深深的吸一口氣，享受來自大自然那令人醒覺又同時讓人放鬆的療癒氣息！如果你的院子也剛好種有香草植物，何不試試用這款輕薄的脆餅，留住屬於香草植物的清新香氣！

製作分量

約 35 片／Ø4 ～ 5 cm

烤箱預熱

上火 150℃／下火 150℃

Ingredients

a

無漂白低筋麵粉 120 g
半全麥粉 80 g
海鹽 1/3 t
椰子花蜜 10 g
水 75 ～ 85 g

b

冷壓橄欖油 30 g
新鮮迷迭香 2 ～ 3 支

c

粗粒海鹽少許

Step By Step

1. **b** 料將新鮮迷迭香取葉子浸漬在冷壓橄欖油中，放至隔夜或用低溫加熱釋放出迷迭香的香氣，冷卻備用。

2. **a** 料中的低筋麵粉＋半全麥粉＋海鹽＋椰子花蜜，先拌勻，加入步驟 1 的橄欖油（＊迷迭香先濾起），稍微用橡皮刮刀拌合，再加入約 75g 的水（＊保留 10g 水，視情況增減）繼續拌合成團。

3. 取步驟 2 濾出的迷迭香葉，加入步驟 2 麵團中（＊可依個人喜好再剪入少許新鮮香草），用手稍微揉勻（＊不要過度搓揉喔！），將麵團以保鮮膜包覆，置室溫鬆弛 20 分鐘。

4. 以桿麵棍將麵團推擀成厚度約 0.2 ～ 0.3 cm的薄片狀，表面撒上粗粒海鹽，稍微用桿麵棍輕輕壓滾，再以切割板切成約 4 cm的方形，整齊排列於烤盤上。

5. 以上火 150℃／下火 150℃烤約 10 ～ 13 分鐘→開爐，將烤盤轉向→爐溫調降為上火 125℃／下火 125℃，續烤約 15 分鐘→出爐放涼→以密封罐保存即可。

Chapter 7

Vegan Scone

純植物・英式司康

英式司康的特色是——充滿濃厚的奶油香，而無蛋奶的司康要如何著手呢？答案就在將味道香濃的冷壓椰子油與淡味的其它植物油調和，用以替代動物性奶油，這是我最常使用的秘密武器～

司康本身作法簡單，只是單純將其中雞蛋改成南瓜泥，就可輕鬆做出這款純植物點心，靠著泡打粉以及整麵、折疊的層次感，製造出外酥內鬆軟、有層次又美味的司康 Scone。

司康是英國家庭裡必備的點心，也是英國人下午茶不能缺少的靈魂餐點，正統吃法是塗上果醬或抹醬，所以我在這篇章特別分享幾種自己喜歡的甜鹹抹醬，給想要重溫午茶的大家～記得！不要忘了配上一杯熱茶、午后的陽光和一顆準備好好放鬆的心，就是經典完美的英式下午茶風情囉～

經典英式原味司康

以「椰子油」取代奶油；「豆漿＋卵磷脂」替代蛋液

利用來自「玉米粉、南瓜、有機椰子油」的三種天然香甜味，讓這款司康散發出誘人香氣與外酥內軟的口感，保證沒有任何人能抗拒得了！司康的特色是 ── 絕對要烤過趁熱吃，我們在跟客人介紹時，都會再三叮嚀客人們，司康一定要趁熱吃，如果只顧聊天，把司康放到冷才吃，可是會讓主廚非常不開心的。

製作分量

15 顆／每顆約 60 g

烤箱預熱

上火 200℃／下火 190℃

Ingredients

麵團

a

無漂白低筋麵粉 375 g

黃色非基改玉米粉 75 g

有機砂糖 60 g

無鋁泡打粉 4 又 1/2 t

b

有機冷壓椰子油 35 g

葵花油 64 g

c

有機無糖豆漿 162 g

蒸熟南瓜 50 g

香草醬 2 g

植物旦液

有機無糖豆漿 24 g

有機砂糖 1 t

顆粒狀卵磷脂 1/2 t

Step By Step

植物旦液

1. 所有材料混合靜置 20 分鐘，浸泡至卵磷脂軟化，攪拌至無顆粒狀，備用。

麵團

2. **a** 料混合過篩，攪拌均勻；**b** 料拌勻，備用。

3. **c** 料放入食物調理機，攪打至南瓜細緻無纖維狀、砂糖融化，備用。

4. 將步驟 2 的 **b** 料加入 **a** 料中，以橡皮刮刀快速拌勻，用手先把乾粉和油脂揉捏緊密，再以手掌將捏成塊狀的粉塊輕輕搓開，成為均勻的細粉狀（＊此步驟需耐心將粉塊搓散，約 10 分鐘）。

5. 將步驟 3 的 **c** 料倒入步驟 4 細粉中，以橡皮刮刀快速拌勻，再以手稍微折疊揉捏至看不到乾粉，移至平面矽膠布上。

6. 以桿麵棍擀壓成厚度約 3 cm 的圓餅狀，用圓形切模器邊轉邊向下切出圓形糕體，排列在烤盤上，表面塗上植物旦液。

7. 放入烤箱，以上火 200℃／下火 190℃烘烤 18 ～ 20 分鐘，待糕體膨脹、表面呈金黃色，出爐，搭配喜歡的抹醬趁熱食用即可。

Point

司康沒有當天吃的話，可將司康密封後冷凍保存，吃之前先退冰 15 分鐘，進烤箱前將司康表面噴上食用水，進烤箱以 180℃烘烤 5 ～ 7 分鐘。如果是小型烤箱，記得前 4 分鐘先蓋上錫箔紙，防止頂部燒焦，取下錫箔紙再續烤約 3 分鐘（時間視烤箱火力調整增減）。

手工莓果醬

Ingredients
有機草莓 200 g
有機砂糖 100 g
檸檬汁 10 g

Point
草莓可以替換成藍莓、桑葚、覆盆子等莓果，或者蘋果、奇異果、芒果等喜愛的當令盛產水果，砂糖以水果重量的 1/2 為參考值，並以檸檬汁調整想要的酸度即可。

Step By Step

1. 草莓洗淨、去蒂頭，瀝乾水分，放入鍋中，加入砂糖，以中小火加熱，期間稍微攪拌，讓水果受熱均勻，煮至砂糖融化、水果出水軟化，繼續邊攪拌邊加熱。
2. 煮至稍微收汁、呈濃稠狀，加入檸檬汁，煮至再次濃稠後熄火，將果醬裝入已消毒的玻璃罐中，倒扣，待降溫後移入冰箱冷藏保存即可。

檸檬卡士達抹醬

Ingredients
a
有機無糖豆漿 100 g
顆粒狀卵磷脂 3 g
b
有機砂糖 35 g
白色非基改玉米粉 9 g
無漂白低筋麵粉 2 g
吉利 T 粉 2 g
檸檬汁 40 g

有機冷壓椰子油 9 g
葵花油 9 g
香草醬 2 g
薑黃粉 適量
c
檸檬皮屑 1/2 顆

Step By Step

1. **a** 料倒入鍋中，混合靜置 20 分鐘，浸泡至卵磷脂軟化，以打蛋器攪拌均勻，加入 **b** 料攪拌均勻，移至爐上，以中小火邊攪拌邊加熱，當麵糊煮至約 75℃，呈濃稠狀、微微冒煙，立即離火。
2. 在卡士達醬表面緊貼保鮮膜，避免表面乾燥硬化，待冷卻後刨入檸檬皮屑拌勻，增加香氣，裝罐，移入冰箱冷藏即可。

法式松子葡萄優格醬

Ingredients
a
有機板豆腐 200 g
有機蘋果醋 10 g
有機蘋果汁 20 g
b
肉桂粉 1/4 t
葡萄乾 30 g
（葡萄乾先以開水泡軟，再擠除水分）

c
熟松子 15 g
熟白芝麻 5 g

Step By Step

1. **a** 料的板豆腐盡量壓除水分，再與其它 **a** 料一起放入食物調理機，攪打至豆腐無顆粒狀。
2. 倒出步驟1的 **a** 料，加入 **b** 料拌合，裝罐，移入冰箱冷藏一晚讓風味融合，食用前拌入熟松子和熟白芝麻即可。

Point
松子和白芝麻食用前可以乾鍋炒至香熟，或放入烤箱以 100℃ 烤至表面呈金黃色。

蘭姆葡萄肉桂司康

加入不同食材變化「花式司康」

以原味司康為基底配方，加進核果、果乾、香草植物、茶粉等不同的食材來變化風味，就能創造出變化多端的組合，想吃什麼，就試試放進什麼～以下示範加入酒漬蘭姆葡萄與肉桂的經典口味，並把砂糖換成黑糖，味道更合拍！

製 作 分 量

8 顆／每顆約 85 g

烤 箱 預 熱

上火 200℃／下火 190℃

Ingredients

麵團

a

無漂白低筋麵粉 240 g
黃色非基改玉米粉 60 g
肉桂粉 2 t
有機黑糖 55 g
無鋁泡打粉 3 t

b

有機冷壓椰子油 30 g
葵花油 40 g

c

有機無糖豆漿 115 g
蒸熟南瓜 24 g
香草醬 2 g

酒漬蘭姆葡萄乾

蘭姆葡萄 70 g
蘭姆酒 20 g

植物旦液

有機無糖豆漿 24 g
有機砂糖 1 t
顆粒狀卵磷脂 1/2 t

表面裝飾

有機砂糖 適量

Step By Step

酒漬蘭姆葡萄乾

1. 前一晚先將料混合浸泡，製作麵團前取出，瀝乾酒水，取蘭姆葡萄乾略為切開，備用。

植物旦液

2. 所有材料混合靜置 20 分鐘，浸泡至卵磷脂軟化，攪拌至無顆粒狀，備用。

麵團

3. **a** 料混合過篩，攪拌均勻；**b** 料拌勻，備用。

4. **c** 料放入食物調理機，攪打至南瓜細緻無纖維狀、砂糖融化，備用。

5. 將步驟 3 的 **b** 料加入 **a** 料中，以橡皮刮刀快速拌勻，用手先把乾粉和油脂揉捏緊密，再以手掌將捏成塊狀的粉塊輕輕搓開，成為均勻的細粉狀（＊此步驟需耐心將粉塊搓散，約 10 分鐘）。

6. 將步驟 4 的 **c** 料倒入步驟 5 細粉中，以橡皮刮刀快速拌勻，加入酒漬蘭姆葡萄乾，再以手稍微折疊揉捏至看不到乾粉，移至平面矽膠布上。

7. 以桿麵棍擀壓成厚度約 3 cm 的圓餅狀，用刀均切出 8 個三角形糕體，排列在烤盤上，表面塗上植物旦液，撒上少許砂糖。

8. 放入烤箱，以上火 200℃／下火 190℃烘烤 20 ～ 23 分鐘，待司康糕體膨脹、表面呈金黃色，出爐，趁熱食用即可。

抹茶巧克力司康

加入「風味粉」取代部分低筋麵粉

抹茶司康作法步驟與原味司康相同，差別在於將原味司康麵團裡的低筋麵粉扣掉4%，替換成等量的抹茶粉，並加入增加口感與風味的苦甜巧克力，也可以將抹茶粉替換成其它茶粉或可可粉，苦甜巧克力亦可替換成堅果，是簡單的變化口味方法。

製作分量

10 顆／每顆約 60 g

烤箱預熱

上火 200℃／下火 190℃

Ingredients

麵團

a

無漂白低筋麵粉 240 g

黃色非基改玉米粉 60 g

抹茶粉 10 g

有機砂糖 55 g

無鋁泡打粉 3 t

b

有機冷壓椰子油 30 g

葵花油 40 g

c

有機無糖豆漿 115 g

蒸熟南瓜 24 g

香草醬 2 g

d

72% 苦甜巧克力豆 80 g

植物旦液

有機無糖豆漿 24 g

有機糖 1 t

顆粒狀卵磷脂 1/2 t

Step By Step

植物旦液

1. 所有材料混合靜置 20 分鐘，浸泡至卵磷脂軟化，攪拌至無顆粒狀，備用。

麵團

2. **a** 料混合過篩，攪拌均勻；**b** 料拌勻，備用。

3. **c** 料放入食物調理機，攪打至南瓜細緻無纖維狀、砂糖融化，備用。

4. 將步驟 2 的 **b** 料加入 **a** 料中，以橡皮刮刀快速拌勻，用手先把乾粉和油脂揉捏緊密，再以手掌將捏成塊狀的粉塊輕輕搓開，成為均勻的細粉狀（＊此步驟需耐心將粉塊搓散，約 10 分鐘）。

5. 將步驟 3 的 **c** 料倒入步驟 4 細粉中，以橡皮刮刀快速拌勻，加入 **d** 料，再以手稍微折疊揉捏至看不到乾粉，移至平面矽膠布上。

6. 以桿麵棍擀壓成厚度約 3 cm的圓餅狀，用圓形切模器邊轉邊向下切出圓形糕體，排列在烤盤上，表面塗上植物旦液。

7. 放入烤箱，以上火 200℃／下火 190℃烘烤 20～22 分鐘，待司康糕體膨脹、表面呈金黃色，出爐，趁熱食用即可。

迷迭香黑橄欖鹹司康

利用「炒料」創造鹹香滋味

有點餓～那就來個鹹口味司康吧！這款鹹香司康是將事先炒香的食材加進司康麵團中，而享用它時絕不能少了濃厚的起司抹醬，這裡就把美味的腰果鹹起司抹醬一併公開分享給大家吧！

製作分量

9 顆／每顆約 65 g

烤箱預熱

上火 200℃／下火 190℃

Ingredients

麵團

a

無漂白低筋麵粉 290 g

黃色非基改玉米粉 44 g

有機砂糖 12 g

海鹽 1 t

無鋁泡打粉 3 t

b

有機冷壓椰子油 56 g

c

有機無糖豆漿 120 g

蒸熟南瓜 30 g

炒料

有機冷壓橄欖油 15 g

黑橄欖 50 g－切小丁

粗粒黑胡椒粉 2 t

義式綜合香料 1 又 1/2 t

海鹽 1/4 t

新鮮迷迭香 2 ～ 3 支－取葉

植物旦液

有機無糖豆漿 20 g

味噌醬（or 淡醬油） 1/2 t

Step By Step

炒料

1. 以中小火熱鍋，倒入橄欖油，放入黑橄欖丁倒入略炒，依序加入粗粒黑胡椒粉、義式綜合香料、海鹽、迷迭香葉，拌炒至散出香氣，盛起放涼，備用。

植物旦液

2. 所有材料混合拌勻，備用。

麵團

3. **a** 料混合過篩，攪拌均勻；**c** 料放入食物調理機，攪打至南瓜細緻無纖維狀，備用。

4. **b** 料常溫的液態椰子油加入步驟 3 的 **a** 料中，以橡皮刮刀快速拌勻，用手先把坨粉和油脂揉捏緊密，再以手掌將捏成塊狀的粉塊輕輕搓開，成為均勻的細粉狀（＊此步驟需耐心將粉塊搓散，約 10 分鐘）。

5. 將步驟 3 的 **c** 料倒入步驟 4 細粉中，以橡皮刮刀快速拌勻，加入炒料，再以手稍微折疊揉捏至看不到乾粉，且炒料均勻分布於麵團，移至平面矽膠布上。

6. 整形成厚度約 3 cm 的方形餅狀，用刀均切出約 12 個方形糕體，排列在烤盤上，表面塗上植物旦液。

7. 放入烤箱，以上火 200℃／下火 190℃烘烤約 22 分鐘，待糕體膨脹、表面呈金黃色，出爐，搭配義式堅果起司抹醬趁熱食用即可。

義式堅果起司抹醬

Ingredients

a

有機冷壓橄欖油 30 g

＊義式油漬番茄乾 20 g

－切小丁

義式綜合香料 1 t

粗粒黑胡椒粉 1/2 t

b

有機無糖豆漿 30 g

顆粒狀卵磷脂 1 t

c

生腰果 113 g

海鹽 1/2 t

有機砂糖 1/2 t

檸檬汁 5 g

巴薩米可醋 1/4 t

辣椒粉 1/4 t

Step By Step

1. 先將 **c** 料的生腰果清洗，以冷開水浸泡至少 4 小時（＊前一晚先浸泡最佳），瀝乾水分，備用。

2. 將 **a** 料的橄欖油倒入鍋中，以小火爆香油漬番茄乾丁、義式綜合香料、粗粒黑胡椒粉，翻炒至香味充分釋放，離火放涼，備用。

3. **b** 料混合靜置 20 分鐘，浸泡至卵磷脂軟化，攪拌至無顆粒狀，備用。

4. 步驟 1 生腰果倒入食物調理機中，加入其餘 **c** 料、步驟 2 的 **a** 料及步驟 3 的 **b** 料，攪打至質地滑順細緻，即可取出，填入密封罐，移入冰箱冷藏保存，隔天風味最佳，一週內食用完畢。

義式油漬番茄乾

Ingredients

新鮮牛番茄 800 g

海鹽 適量

月桂葉 2 片

義式綜合香料 適量

粗粒黑胡椒粉 1 T

有機冷壓橄欖油 適量

Step By Step

❶ 牛番茄洗淨，切成四瓣，均勻撒上海鹽，鋪在底部通風的竹簍上，放在有陽光的窗台下日曬，天黑了再收起來，約曬 6 ～ 7 天。

❷ 將曬乾的番茄乾放入滾水中，汆燙略煮 2 ～ 3 分鐘（＊可消毒並去除雜質），撈出瀝乾，以廚房紙巾吸除水分。

❸ 取已清洗消毒的乾淨玻璃罐，將番茄乾、月桂葉、義式綜合香料、粗粒黑胡椒粉均勻層層相疊，再倒入可淹過番茄乾的橄欖油，封罐保存，在陰涼處放 3 天即可食用。

Point

油漬番茄乾吃完後，剩下的油可以用於料理，做成沙拉、醬料、炒義大利麵……一點都不浪費。

Chapter 8

Vegan
Jelly Dessert

純植物・軟凍甜點

軟軟嫩嫩的軟凍甜點屬於飽餐一頓後，最沒有負擔的甜點，富含大量的水分，口感滑順清爽，可以說是每個人都愛的飯後點心。傳統的軟凍甜點一般使用動物膠－吉利丁作為凝結劑。而植物性的軟凍甜點作法，當然就需要改用加熱後可形成膠質的植物成分，例如：吉利T、玉米粉、果膠、洋菜或是蒟蒻……等，甚至是此篇章內介紹的乳酸箘，也可以幫忙製作出半凝固的豆漿優格，然而很棒的是，替換後的成品質地仍然非常Q軟滑順！

成為Vegan之後，常常想讚嘆大自然豐盛的愛～原來，大地之母早就準備好了一切，只等待我們用心去發掘！誠摯地邀請您，與我們一起認識Vegan的甜點世界！

焦糖布蕾

用「南瓜」和「豆漿」取代雞蛋與鮮奶油

運用南瓜那美麗的金黃色果肉與淡雅清爽的香甜，讓去掉雞蛋的布蕾有了全新的生命，彷彿布蕾它本該如此！讓我个禁想像它就像是那位乘著南瓜馬車赴約的美麗公主，最後終於與王子相遇！於是綠帶店面的 Menu 上，我們將之命名為「仙度瑞拉焦糖布蕾」。

製作分量

5 杯／每杯約 200 ml

冰箱冷藏

1～3 小時

Ingredients

布蕾

a

蒸熟南瓜 187 g

有機無糖豆漿 380 g

日本片栗粉 7 g

洋菜粉 4 g

b

有機砂糖 100 g

水 50

c

有機無糖豆漿 375 g

香草醬 2 g

焦糖糖衣

有機砂糖適量

Step By Step

布蕾

1. **a** 料倒入食物調理機，攪拌至質地細緻無顆粒狀，倒入鍋中與 **b** 料混合，以中小火邊攪拌邊加熱，過程中請撈除浮末。

2. 煮至微滾冒泡，加入 **c** 料，攪拌均勻，離火，以細篩網濾除泡沫，倒入容器中，於室溫放至稍涼後，移入冰箱冷藏 1～3 小時或隔夜。

焦糖糖衣

3. 食用前撒上有機砂糖，以瓦斯噴槍將砂糖燒炙出表面脆脆的糖衣即可。

Point

糖衣燒炙完成後，要盡快食用避免糖衣融化。若無瓦斯噴槍，可自製焦糖，倒入耐熱容器中，冷藏至凝固，再倒入布蕾液，再次冷藏至凝固，即是另一種風格的焦糖布蕾。

自製焦糖

Ingredients

有機砂糖 160 g

熱開水 48 g

Step By Step

❶ 有機砂糖放入鍋中，搖晃使其均勻平鋪於鍋子底部，先靜置不攪動，開中小火加熱，待砂糖開始融化成液態時，再間續搖動鍋子，讓糖均勻受熱。

❷ 接著糖液會開始起泡，一樣邊搖邊停，待糖液呈紅褐色，出現焦糖香，倒入熱開水。

❸ 繼續晃動鍋子，讓糖盡快與熱水融合，待糖水再次煮開，離火即完成，可於飲品或甜點使用。

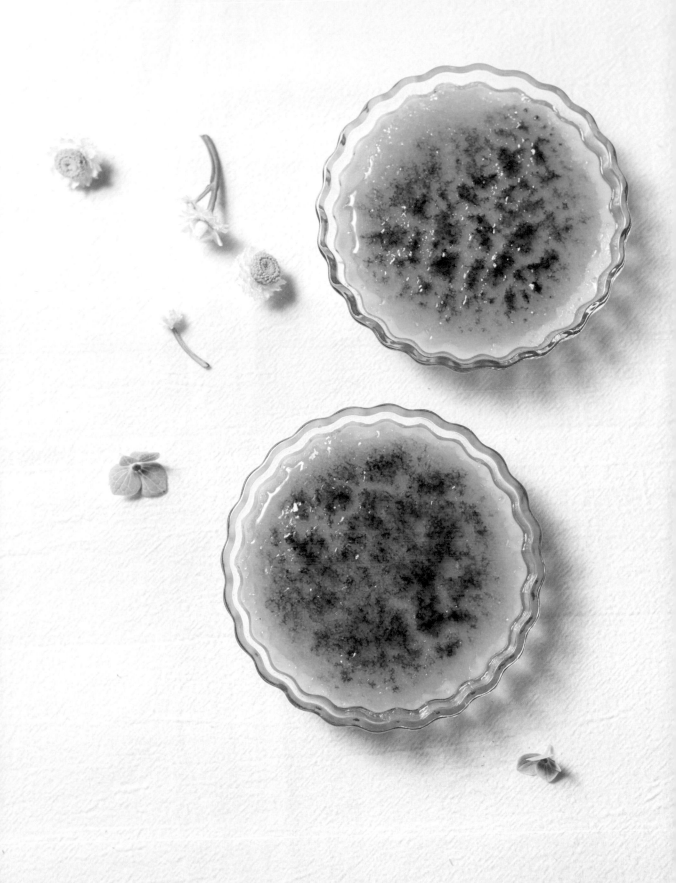

橘汁奶酪

用「豆腐」和「椰子油」取代鮮奶油

炎熱的夏天最享受的是飯後來一份清爽的水果奶酪，清新軟嫩的口感，配上不同的果露、果醬、水果，就是大人小孩的心頭好！去掉厚重的鮮奶油，以清爽的豆腐及豆漿取代，奶酪的質地仍然非常 Q 彈，再以有機椰子油取代奶香，滋味濃郁醇香～

製作分量

5 杯／每杯約 180 g

冰箱冷藏

2 小時

Ingredients

奶酪

有機無糖濃豆漿 570 g

有機板豆腐 100 g

有機砂糖 78 g

有機冷壓椰子油 42 g

吉利 T 粉（or 蒟蒻粉）9 g

橘子果露

有機砂糖 15 g

吉利 T 粉 2 g

橘子汁 140 g

裝飾

糖漬橘子、綠色香草植物

Step By Step

奶酪

1. 所有材料倒入食物調理機，攪打至質地細緻無顆粒狀，倒入鍋中，以中小火邊攪拌邊加熱，過程中撈除浮末，並以溫度計測量溫度，當溫度達 70℃後熄火。

2. 以細篩網過篩，濾除泡沫後倒入容器中（約 150g ／杯），於室溫放至稍涼，移入冰箱冷藏至少 1 ～ 2 小時，至奶酪凝固。

橘子果露

3. 細砂糖＋吉利 T 粉先混合均勻（＊可避免結塊），倒入橘子汁，攪拌均勻，以中小火邊攪拌邊加熱，至橘子汁沸騰並呈較濃稠的狀態後熄火，於室溫放至稍涼，移入冰箱冷藏，備用。

組合

4. 將凝固的奶酪取出，淋上橘子果露（約 30g ／杯），擺上糖漬橘子，以綠色香草植物裝飾即可。

Point

可以將果露的橘子汁換成其它水果汁，砂糖可依酸甜度作增減，製作不同口味的果露。如要更快速享用，也可以將喜愛的市售果醬加入少許冷開水稀釋使用！

自製糖漬橘子

Ingredients

砂糖橘 3 顆

水 250 g

乾燥洋甘菊 2 g

有機砂糖 70 g

Step By Step

❶ 砂糖橘去皮，剝開橘子片成半球狀，撕除白色纖維薄膜，放入較深的容器中，備用。

❷ 水煮至滾沸後熄火，放入乾燥洋甘菊浸泡 5 ～ 6 分鐘，撈除洋甘菊，加入砂糖再次煮沸後熄火。

❸ 將步驟 2 洋甘菊糖水倒入步驟 1 橘子果肉容器中，冷卻後密封，移入冰箱冷藏浸泡 1 天，隔天即可取出食用。

花香雙層奶凍

用「吉利T粉」凝結凍體

提到植物性果凍，不能不提日式水信玄餅，清透的外觀，還有中間那朵彷彿正在落下的櫻花，真是美極了，為了它的美，我曾特地跟一位留日和菓子師傅學習，這裡將分享更簡單的作法，利用吉利T粉製作，好處是成品比使用日式寒天粉更不易化水，即使隔天吃也很OK！

製作分量

5 杯／每杯約 200 ml

冰箱冷藏

4 小時

Ingredients

下層－奶酪

有機無糖濃豆漿 570 g
有機板豆腐 100 g
有機砂糖 78 g
有機冷壓椰子油 42 g
吉利T粉（or 蒟蒻粉） 9 g

上層－果凍

海藻糖 18 g
古利T粉 5 g
80℃熱開水 250 g
無農藥食用花 數朵

其它

食用花水 少許
（台灣有機野薑花水）

Step By Step

下層－奶酪

1. 所有材料倒入食物調理機，攪打至質地細緻無顆粒狀，倒入鍋中，以中小火邊攪拌邊加熱，過程中撈除浮末，並以溫度計測量溫度，達 70℃後熄火。

2. 以細篩網濾除泡沫後，倒入透明玻璃容器中（約 150 g／杯，容器須預留上層果凍空間），於室溫放至稍涼，移入冰箱冷藏至少 1～2 小時，至奶酪凝固（＊以手碰觸奶酪表面時，觸感 Q 彈不沾手）。

上層－果凍

3. 海藻糖＋吉利T粉先混合均勻（＊可避免結塊），倒入 80℃熱開水，攪拌至融化均勻，倒入已凝固的步驟 2 奶酪杯（約 50 g／杯）。

組合

4. 趁果凍還未凝固，以鑷子夾取食用花瓣，放入果凍液中，將成品移入冰箱冷藏至少 1～2 小時，凝固後可取出，食用前倒入少許食用有機野薑花水，增加美好迷人的香氣！

Point

‧海藻糖可以維持成品清透度，吃起來較清爽無負擔！再淋上有機的食用花水，入口時花香撲鼻而來，是一款讓人心花怒放的浪漫甜點。
‧食用花可用當令水果片替代，漂浮在果凍裡的水果一樣繽紛誘人。
‧食用花水亦可挑選喜歡的、可飲用的花香純露替代。

火龍果奇亞籽布丁

用「奇亞籽」膠質取代雞蛋凝結力

近年來，植物界裡有個超級明星—「奇亞籽」（Chia seed），「Chia」在古老的瑪雅語中，代表的是力量，也就是提供力量的種子。用它製作甜點，不僅僅要取它驚人的營養素，另一個重點是它特有的植物性膠質，經過浸泡後會徹底釋放出膠質，可替代雞蛋，運用在凝結布丁的功能上再適合不過了！

製作分量

5 杯／每杯約 200ml

冰箱冷藏

1 小時

Ingredients

下層－火龍果奇亞籽布丁

奇亞籽 90 g

火龍果果肉 270 g

檸檬汁 60 g

有機砂糖 66 g

有機無糖豆漿 300 g

上層－奇亞籽布丁

奇亞籽 16 g

有機無糖豆漿 235 g

裝飾

火龍果肉小丁

無農藥食用花

Step By Step

下層－火龍果奇亞籽布丁

1. 奇亞籽之外的食材放入食物調理機，攪打均勻，加入奇亞籽，以湯匙攪散，倒入透明坡璃容器（約 150g ／杯，容器須預留上層空間），移入冰箱冷藏至少 2 小時，待奇亞籽釋出膠質並凝固。

上層－奇亞籽布丁

2. 奇亞籽＋豆漿拌勻；取出已凝固的步驟 1 火龍果奇亞籽布丁，倒入攪拌均勻的材料（約 50 g ／杯），將成品移入冰箱冷藏至少 1 ～ 2 小時至凝固。

裝飾

3. 食用前表面裝飾火龍果丁和美麗的食用花即可。

Point

可以將火龍果果肉替換成其它水果，例如：芒果、草莓、水蜜桃，就能創造不同果香風味的奇亞籽布丁囉～

水果豆漿優格

自製「乳酸菌」，發酵純植物優格

有乳糖不耐的亞洲人高達 95%，我就是其中之一，所以很早之前就已經改喝豆漿，也一併把製作優格的牛奶改成豆漿，許多乳酸菌的取得來自牛奶，成為 Vegan 之後，索性自製菌種，以隨手可得的有機糙米自製純植物優格乳酸菌，美味的豆漿優格吃起來比市售牛奶優格更好吃。方法簡單有趣，一起來試試吧！

製作分量

2 杯／每杯約 150 ～ 200 ml

常溫發酵

8 小時

Ingredients

自製純植物優格菌種 1 T
有機無糖豆漿 300 ～ 400 ml
新鮮水果、椰子花蜜

Step By Step

1. 取 1 大匙自製純植物優格菌種（＊不可挖到糙米）放入已消毒的乾燥容器中，倒入 300 ～ 400ml 無糖豆漿，稍做攪拌後蓋上蓋子，於陰涼處靜置發酵 8 小時。

2. 發酵完成後，如不馬上食用，建議放回冰箱冷藏，可以防止過度發酵，酸味過酸。食用前加上新鮮水果，淋上椰子花蜜佐食即可。

Point

· 每次製作的優格可留下 1 大匙，繼續與新鮮的有機豆漿混合靜置發酵，就可以源源不斷地享受天然健康的自製豆漿優格囉！如果嫌麻煩，可取 1 大匙市售純植物豆漿優格，取代自製優格菌種。

· 豆漿和糙米務必選用有機生產，避免農藥影響發酵。

自製純植物優格菌種

Ingredients

有機糙米 1 T ｜ 有機無糖豆漿 60 ml

Step By Step

❶ 糙米用乾淨的開水洗淨、瀝乾，用廚房紙巾將水分吸乾，放入消毒過的玻璃罐中。

❷ 於步驟 1 玻璃罐倒入 20ml 無糖豆漿，要確實淹沒糙米，蓋上蓋子，於陰涼處靜置發酵 12 小時→確認豆漿已凝固、不會流動，代表已發酵完成，再倒入 20ml 無糖豆漿，蓋上蓋子，靜置發酵 8 小時→確認豆漿已凝固成豆腐狀，再倒入 20ml 無糖豆漿，蓋上蓋子，繼續進行最後一次 8 小時的發酵。

❸ 待發酵完成，呈現如豆腐的質地，沒有臭味而是聞起來有微微的發酵味，代表優格菌製作成功。

超跑級 *A3500i* 調理機

食尚 × 科技 × 智能

渦流科技 有如超跑
搭載19段變速系統
0至極速瞬轉 不到1秒鐘

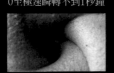

透明上蓋
食物狀態清晰可見
杯蓋好開不卡手

無線聯鎖Tritan容杯
操作安心材質放心
調理食材輕鬆自在

創新降噪技術
調理聲有感降低
排風設計有效散熱

超跑級馬達
強勁馬達
任何食材輕鬆調理

金屬傳動系統
低摩擦堅固耐用
調理更安全

美國百年調理機品牌Vitamix
養生達人陳月卿 唯一指定

Vegan Baking 純植物烘焙

無蛋奶、真食物，純素 OK！旦糕 × 慕斯 × 塔派 × 餅乾 × 司康，甜點名店秘方初登場

作　　者　曹思蓓
拍攝協助　呂雨英
美術設計　Bianco_Tsai
內頁編排　關雅云
攝　　影　璞真奕睿影像工作室
社　　長　張淑貞
總 編 輯　許貝羚
特約編輯　張淳盈
行銷企劃　曾于珊、洪雅珊
特別感謝　綠帶純植物烘焙、大侑健康企業

發 行 人　何飛鵬
事業群總經理　李淑霞
出　　版　城邦文化事業股份有限公司‧麥浩斯出版
地　　址　104 台北市民生東路二段 141 號 8 樓
電　　話　02-2500-7578
傳　　真　02-2500-1915
購書專線　0800-020-299

發　　行　英屬蓋曼群島商家庭傳媒股份有限公司城邦分公司
地　　址　104 台北市民生東路二段 141 號 2 樓
讀者服務電話　0800-020-299（09:30 AM ～ 12:00 PM‧01:30 PM ～ 05:00 PM）
讀者服務傳真　02-2517-0999
讀者服務信箱 E-mail：csc@cite.com.tw
劃撥帳號　19833516
戶　　名　英屬蓋曼群島商家庭傳媒股份有限公司城邦分公司

香港發行　城邦〈香港〉出版集團有限公司
地　　址　香港灣仔駱克道 193 號東超商業中心 1 樓
電　　話　852-2508-6231
傳　　真　852-2578-9337
馬新發行　城邦〈馬新〉出版集團 Cite(M) Sdn. Bhd.(458372U)
地　　址　41, Jalan Radin Anum, Bandar Baru Sri Petaling, 57000 Kuala Lumpur, Malaysia
電　　話　603-90578822
傳　　真　603-90576622

製版印刷　凱林彩印股份有限公司
總 經 銷　聯合發行股份有限公司
地　　址　新北市新店區寶橋路 235 巷 6 弄 6 號 2 樓
電　　話　02-2917-8022
傳　　真　02-2915-6275

版　　次　初版 1 刷 2020 年 10 月
　　　　　初版 8 刷 2023 年 09 月
定　　價　新台幣 550 元　港幣 183 元

Vegan Baking 純植物烘焙：無蛋奶、真食物，純素
OK！旦糕 × 慕斯 × 塔派 × 餅乾 × 司康，甜點
名店秘方初登場 / 曹思蓓著. -- 初版. -- 臺北市：麥
浩斯出版：家庭傳媒城邦分公司發行，
2020.10　212 面；寬 19× 高 26　公分
ISBN 978-986-408-602-3(平裝)
1. 點心食譜 2. 素食食譜
427.16　　　　　　　　　　　　　109005675